초등 1학년
수학
공부 습관

우리 아이 수학 만점, 엄마의 마음에 달렸다

초등 1학년 수학 공부 습관

유경화 지음

봄의정원

언니가 들려주는 '우리 아이 수학 공부 습관'

'세상에서 가장 평범하고 평범한 내가 책을 쓴다고?'

노란 단풍잎이 유난히도 밝았던 지난해 가을. 출판사와의 인연은 예고없이 찾아왔다. 20여 년 전, 지금의 남편을 만나 결혼하기로 결심하면서 나는 누가 시키지도 않았는데 너무나 당연한 듯 회사를 그만두고 아이 양육에만 전념하기 시작했다. 가진 재산은 없지만 항상 성실하게 회사를 다니는 신랑이 고마웠고 하루가 다르게 부쩍부쩍 커가는 아이들 얼굴을 바라보고 있으면 먹지 않아도 배가 부르다는 말을 실감할 수 있었다. 나는 그렇게 '경력단절 여성'이 되었다.

첫아이와의 경험은 매일매일이 무모한 도전과 실험의 연속이었다. 다행히 온 가족이 어린 조카이자 손주를 처음 만나본

터라 아이는 땅에 닿을 새도 없이 손에서 손으로만 안겨다니는 영화를 누릴 수 있었다. 5년쯤 지났을까. 그 틈바구니에서 나의 작은 실험들이 조금씩 효과를 나타내기 시작했다.

'글'과 '수', 그리고 '감각 키우기'. 아이가 대학 갈 때까지 엄마가 공부를 대신해줄 수도 없고 초등학교만 마쳐도 관리하기 벅찬 순간들이 찾아온다. 그러니 여느 엄마들처럼 손 잡아끌고 강제로 공부를 경험시키는 방법은 장기적으로 승산이 떨어진다고 생각해 일찌감치 접었다. 그보다는 '글자', '숫자'와 친근해지도록 자연스럽게 체화시키는 아주 긴 습관 들이기를 시작했다. 마치 직장에 다니는 엄마처럼 매일 근처 도서관으로 출근해 기꺼이 '교과서를 공부하는 엄마'가 되었다. 아이는 줄곧 관찰자였다.

이 실험을 통해 내가 얻은 것은 두 가지였다.

첫째는 아이에게서 교과서든 단행본이든 어떤 글귀라도, 그러니까 문장 형태라면 전혀 거부감 없이 펼치고 읽으려는 본능을 이끌어냈다는 것이다. 아이가 동의할지 모르지만, 주변에 흩어진 신문이든 라면 국물이 너저분하게 묻은 잡지든 아이의 문장 읽기는 완벽한 습관이 되었다.

둘째는 의외의 수확이었다. 아이가 아니라 엄마인 내게 찾아온 뜻밖의 변화다. 아이 눈높이에 맞춰 차근차근 공부를 해나가다 보니 아이들이 이해하기 어렵게 기술된 부분, 보다 쉽게 표현할 수 있는 부분을 하나둘씩 발견해가며 어느 순간 아이를 위해 직접 문제를 창작하고 있는 나를 발견하게 되었다. '숨은 수와 한글 찾기', '숫자 징검다리' 같은 내 아이만을 위한 연습 문제로 시작되었던 것이 차츰 우리 동네 초보 엄마들의 인기 학습서가 되었다. (처음에는 집에서 아이들 교육시키느라 가지고 있던 문제들을 한 장, 두 장씩 건네주었는데 그 양이 점점 늘어나면서 주변 엄마들은 고마운 인사를 대신해 고구마를 한 소쿠리 싸 오고 시골에서 올라온 김치, 감자 등을 복사비 대신 가지고 왔다.)

그렇게 나온 오랜 실험의 결과가 바로 이 책이다.

고맙게도 많은 초보 엄마들이 지금까지도 소문을 듣고 곧잘 연락해온다. 초등학교 입학을 앞둔 아이 엄마들의 인터넷 카페에서도 강의를 했고, 엄마들의 소모임에서 세미나도 했다. 그녀들이 주로 궁금해하는 것은 딱 두 가지다. 자녀를 위해 엄마가 직접 만들었다는 문제가 도대체 무엇인가와, 통제 불능의 아이와 어떻게 대화하고 이끌어야 하는가다. 이 책에는 주로 두 번째에 해당하는 아이와의 대화 시작, 그리고 수와 글에 대한 친근한 습관 들이기의 좌충우돌 경험담이 들어 있다.

아이와 함께 도서관에 다니기 시작할 무렵이나 지금이나 늘 생각하는 것이 있다. '언니라도 있으면 시시콜콜 물어보겠는데……' 하는 아쉬움이다. 물론 주변에는 친한 동네 언니·동생이 많지만, 대개는 비슷한 상황이다 보니 실효성 높은 정보 교류라기보다 수다를 통한 스트레스 풀기만 반복된다. 그 때문에 실질적인 언니의 경험담이 항상 아쉬웠던 것 같다. 글솜씨도 엉성한 내가 용기를 내어 이 책을 쓰게 된 이유다. 그때의 아쉬움을 담은, 이웃집 언니 같은 솔직한 경험담이라고 해두면 어떨까.

'머리말'을 쓸 때는 그동안 감사했던 분들의 이름을 짧게 언급하면 좋다기에 본의 아니게 이 책의 주인공이 된 우리 딸 성정이와 아들 민규, 평생 교직에 몸담고 있으면서 헌신하셨던 아버지 유평종 님과 탁구천사 어머니 정진식 여사…… 순서대로 쫙 써나가려는데 왜 갑자기 눈물이 나는지 모르겠다. 조금 더 열심히, 부지런히 하지 못한 후회가 남는가 보다. 든든한 신랑도 고맙고 조카라면 돈 아까운 줄 모르고 지갑을 여는 동생들도 고맙다. 특히 이 책을 쓰기까지 가장 큰 도움을 준 박정경 님과 출판사에도 온 마음을 담아 진심으로 고맙다는 인사를 전하고 싶다.

이 책은 아이를 먼저 키워본 엄마로서, 혹은 경험 많은 언니로서 취학 전후의 자녀와 난감한(?) 시기를 보내고 있는 젊은 엄마들에게 '할 수 있다!'는 용기를 주고 싶어서 시작한 작업이다. 하루하루 달래기도 하고 회초리도 들어가며 아이와 전쟁을 치르고 있을 젊은 엄마들에게 이 책이 옆집 언니가 들려주는 소박한 길잡이가 되었으면 좋겠다.

'경력단절 여성'을 당당하게 거부한 숫자엄마

유경화

제5장 내 아이를 위한 맞춤 수학 공부법

제6장 아이의 자존감을 살려주는 엄마 습관

제1장

초등 학부모가
된다는 것

벌써 초등학교 입학이라고?

병원에서 갓 태어난 아이를 보면서 행복의 눈물을 흘린 때가 엊그제 같은데 곧 학교에 들어간다니, 아이가 학교에 들어갈 무렵이 되면 유치원 입학 때와 달리 만감이 교차한다. 이제 나도 학부모 대열에 들어선 것이다.

'내 아이가 언제 이렇게 컸나' 싶기도 하지만, 내 머릿속 반대편에서는 '이제 시작이구나! 어떻게 하면 될까? 무엇부터 해야 하지?'라는 걱정과 고민이 고개를 내민다.

걱정은 되고 물어볼 곳은 마땅치 않고, 마음이 답답할 뿐이다. 그리고 심장은 콩당콩당, 마음은 급해져만 간다. 책도 읽혀야 하고, 영어 공부도 해야 하고, 연산도 할 줄 알아야 하고, 악기도 하나 정도는 다룰 줄 알아야 하지 않을까? 체력을 기르기 위해 운동도 해야 한단다. 도대체 왜 이렇게 해야 할 것도 많고 배워야 할 것도 많은지……. 새삼 우리나라의 교육 현실을 뼈저리게 느끼는 순간이 오는 것이다. 이 모든 것을 해주고 싶은 건 엄마의 마음이지만 그러기엔 경제력도 문제지만 시작하기도 전에 '우리 아이 정말 힘들겠구나!'라는 생각과 함께 한숨부터 나온다. 이게 현실이구나 싶다.

부모 욕심에 우리 아이만은 이것저것 다 잘하면 좋겠지만 아직까지는 아이가 무엇을 잘하는지 모르거니와, 당장 무엇부터 시작해야 할지 막

막하다.

그렇다면 무엇부터 해야 할까?

인터넷을 검색해보거나 관련 도서를 보면 아이의 건강 체크, 생활 습관, 교과서 살펴보기, 주변 학교 탐색, 선행 학습 등 초등학교 입학 전에 해야 할 일이 많이 제시되어 있다. 무엇보다 중요한 것은 초등학교 학부모가 되기 위한 마음가짐이라고 생각한다.

우선 부모들이 자기 아이에 대해서 흔히 기대하고 착각하는 것이 있다.

- 우리 아이는 잘생기고 예쁘다.
- 우리 아이는 공부도 잘할 것이다.
- 우리 아이는 수업 시간에 딴짓을 하지 않을 것이다.
- 우리 아이는 욕설을 하지 않을 것이다.
- 우리 아이는 선생님 말씀도 잘 듣고 주목받을 것이다.
- 우리 아이는 바르고 모범적이며 모든 면에서 다른 아이들보다 뒤떨어지지 않을 것이다.
- 우리 아이가 받아쓰기 시험에서 30점을 받아올 리가 없다.

따라서 나는 크게 걱정 없는 '엄친아 부모'가 될 것 같다는 착각을 하게 된다. 나 또한 그랬다. 정말 그럴 줄 알았다. 하지만 아이가 초등학교에 입학한 후, 한 학기 정도가 지나면 아이에게 걸었던 기대가 하나하나 수면으로 떠오르듯 현실적인 모습으로 드러난다. 물론 기대에 백퍼센트 부응하는 아이도 있겠지만, 그러기만 한다면 얼마나 좋을까. 정말 걱정거리 하나 없는 초등학교 학부모가 되는 것이니! 하지만 이미 아이를 초등학교에 입학시킨 학부모들이 한결같이 하는 말이 있다. 바로, 초등학교는 유치원과 판이하게 다르다는 말이다.

우리 아이가 유치원에 다니던 시절을 돌이켜보자. 수업도 즐겁게 받는 것 같고, 유치원에 다니는 것을 싫어하지 않고, 친구들과도 사이좋게 지낸다. 그리고 유치원 선생님을 아주 좋아하는 것 같다. 그렇게 생활하는 모습을 보면 당연히 초등학교에 들어가서도 잘 지낼 거라고 생각하게 된다.

유치원에 다닐 때는 한없이 챙겨주고 돌봐주어야 하는 데 비해 초등학생이 된 지금의 모습은 훌쩍 큰 것 같다는 생각을 하게 된다. 그러다 보니 자연스레 공부도 스스로 할 거란 생각마저 든다. 그렇지만 아이가 이러한 기대에 미치지 못하면 크게 실망하는 경우도 많다.

또한 유치원 시절에 비해 아이가 더 성장했으므로 스스로 알아서 잘할 거라고 생각하지만 오히려 챙겨주어야 할 일이 더 많다. 유치원에 다닐 때는 선생님이 일일이 챙겨주었지만 초등학교에서는 선생님이 하나하나 챙겨주지 못하기 때문이다. 이제부터 아이를 챙기는 것은 하루를 1주일처럼 쓰고 살아가는 우리 부모들의 몫이다. 부모들이 매일 해야 하는 숙제일지도 모른다.

이러한 사실을 미리 알려준다고 그동안 마음 한구석에 차곡차곡 쌓아진 불안감이 사라질까? 그럴 리 없다. 생각만 해도 벌써부터 지친다. 하지만 이러한 고민을 조금 덜어내야 마음이 어느 정도 편안해지지 않을까? 지금부터 아이를 초등학교에 먼저 보낸 선배 엄마로서 조심스럽게 후배 맘들에게 제언하고자 한다. 그렇다고 내가 뭐 대단한 사람은 아니다. 단지 아이를 낳아 길렀고, 초등학교에 보냈고, 그리고 지금까지 아이를 키우면서 좌충우돌 우여곡절은 많았지만 그런 경험이 풍부하기에 나의 지난 일들을 되살려 이야기해보고자 한다.

무엇보다 자신 있는 것은, 누구보다 아이 교육에 관련해서는 경험과 도움이 될 만한 이야깃거리를 많이 갖고 있다는 것이다. 그리고 특히 친근감! 나는 누구처럼 비범한 머리를 갖고 태어나 세 살 때 한글을 떼고 초등학교 때 이미 중학교 과정을 익힌 아이의 학부모가 아니라 평범한 아이를 키우는 엄마다.

그래서 나는 친근하다. 그저 동네 언니처럼, 교육 쪽으로 조금 많이 아는 선배 아줌마처럼 친숙하다는 것이 나의 장점이다. 거기에 하나 더 붙이자면, 수학에 강하다는 것이다. 우리의 골칫거리인 수학 교육에 대해서는 제2장에서 자세히 살펴보기로 하자.

이제, 첫걸음이다!

지금 고등학교에 다니는 큰아이는 남들보다 조금 일찍, 네 살 무렵부터 한글을 읽기 시작했다. 서점에 가서 아이가 까치발로 서서 동화책을 읽곤 했는데 지나가는 사람들이 "너, 한글이나 읽을 줄 아니?"라고 물어보면 고개를 끄덕이며 동화책을 한 자 한 자 읽어 내려갔다. 그 사람들의 칭찬 한마디가 내 어깨를 들썩이게 했다. 그런 칭찬이 듣기 좋은데다 아이가 책을 좋아하기에 서점이나 도서관에 자주 갔다. 서점이나 도서관에 가면 부러움의 대상이었다.

그리고 또 하나는 엄마들 사이에서 교육에는 절대로 빠지지 않는 열성 엄마의 표본처럼 어떻게 하면 되느냐는 질문을 많이 받기도 했다. 나도 모르게 목에 힘이 들어갔다. 아이가 초등학교에 들어가면서부터는 학부모 모임 등 여러 모임에서 아무 말도 하지 않고 가만히 앉아 있기만 해도 다른 엄마들이 친근감을 보이며 다가와 이것저것을 물어왔다. 무슨 대단한 엄마라도 된 듯했다. 그러면서 아이에 대한 나의 기대감이 커져만 갔다.

나는 이런 우리 아이를 보면서 스카이(서울대, 고려대, 연세대)는 거뜬히 갈 것만 같았다. 그 우쭐함에 걱정하지 않아도 초등학교 때의 우수한 성적이 중고등학교까지 연결되어 잘할 수 있을 거란 생각이 들었다. 하지만 고등학생이 된 지금, 여전히 나는 아이를 믿지만 그래도 현실적으로 보면 '과연 그렇게 할 수 있을까?'라는 생각이 앞선다.

아이가 사춘기에 접어들면서 좋아하는 것과 잘하는 것이 하나하나 구분되어가는데 아이가 좋아하는 것만 하려고 한다. 공부보다 동아리 활동을 눈에 띄게 열정적으로, 신나게 한다. 그러니 책을 좋아하고 머리가 좋다 한들 성적이 잘 나오겠는가. 이런 면만 본다면 지금 나는 좌절감에 스트레스를 받고, 아이에게 공부하라고 닦달하고 있을 것이다. 그래도 내가 아이를 믿고 기다려줄 수 있는 것은 우리 아이가 남들보다 잘하는 것이 무엇인지 알고 있기 때문이다. 그리고 지금이 어떠한 시대인가? 연·고대를 나와서도 9급 공무원 시험 준비를 하는 사람이 많다며 취업난 뉴스가 매일같이 보도되고 있다. 이러한 현실을 보면 공부를 잘하는 것만이 중요하진 않다. 지금은 공부도 중요하지만 아이만의 특기를 가진 '개성+공부'로 키워야 한다. 공부를 잘하는 아이보다 개성이 있는 아이가 더 인기 있다. 그래서 첫 번째 다짐!

잘한다고 들뜨지 말고, 못한다고 실망하지 말자.

공부를 잘한다고 너무 들뜨거나 기대치를 높이지 말아야 한다. 다른 아이보다 학습 능력이 뒤떨어진다고 너무 실망하지 마라. 아직 새잎도 나지 않은 떡잎, 초등학교 1학년이 아닌가!

어느 날 갑자기 학업이 어느 수준에서 탁 막히기도 하지만 아이가 노력하는 한 언젠가 그 벽은 스스로 넘을 수 있다. 인생사 새옹지마라고, 부모가 믿고 기다려주면 아이도 좋은 성과를 낸다. 그러니 너무 조급하게 생각하지 마라. 재촉한다고 다 되는 것은 아니다. 혹시 안 되더라도 방법은 있다. 찾으면 된다.

이러한 관점에서 우리 아이를 바라보면 사춘기를 갓 지나 속도 많이 태웠지만, 내가 우리 아이를 보면서 '아, 그만하면 괜찮다'고 할 정도로 생활하고 있다. 이렇게 마음의 문턱만 넘으면 여유로워질 수 있다. 그렇다고 아예 기대하지 말라는 건 아니다. 딱 말 그대로, '잘한다고 들뜨지 말고, 못한다고 실망하지 말자'는 것이다.

우리 아이가 초등학교에 들어가면서 '가나다라……'를 배운 게 엊그제 같다. 그때는 나도 참 젊었는데, 지금은 한 달이 멀다 하고 염색을 해야 한다. 언제 이렇게 시간이 흘러갔는지…… 시간을 되새기며 생각해보면 무엇에 그렇게나 쫓기며 아웅다웅 살았나 싶다. 공부를 잘한다고 선생님에게 항상 예쁨 받았던 내 친구는 예쁜 아이를 키우며 잘 살고 있다. 한글을 못 읽는다고 매일 혼나고 남아서 청소하던 친구도 아이들 공부 잘 시키고 여행도 다니며 잘 살고 있다. 나의 학창 시절을 떠올려보면 그때는 왜 그렇게 모든 것이 절실했는지……. 그것이 현실을 살아가는 데 최선을 다하는 자세이긴 하지만 조금은 여유를 가져도 되지 않을까?

아이를 키우는 것도 마찬가지다. 초등학교 입학을 앞둔 아이의 부모로서 마치 출발점에 선 것처럼 가슴이 떨리고 지금 낙오하면 영원히 일어서지 못할 것처럼 불안하겠지만, 이 시점에서 꼭 해주고 싶은 말이 하나 있다.

'호들갑 떨지 말자!'

부모의 기분이
아이의 하루를 좌우한다

하루는 우리 아이가 학교에서 돌아왔는데도 숙제를 하지 않고 놀고 있었다.

"숙제 해야지. 빨리 하자."

나는 아이에게 다정하게 얘기했다. 그런데 또 다른 어느 날에는"숙제를 왜 안 했니? 학교 갔다 오면 숙제부터 하라고 했잖아!" 하고 소리를 지르게 되었다. 그런 날에는 그냥 넘어갈 수 있는 일들도 유난스럽고 짜증스럽게 느껴진다.

누구나 한 번쯤 이런 경험이 있을 것이다. 아이가 똑같은 잘못을 했는데도 어느 날은 너그럽게 넘어간 반면 어느 날은 불같이 화를 냈던 일. 이렇게 똑같은 환경에서도 아이에게 두 얼굴을 보이는 경우가 있다. 왜 그럴까? 가만히 생각해보면,

나의 기분 탓이다. 기분이 좋으면 아이의 잘못도 좋게 생각하고 넘어가지만 짜증스러운 날에는 일도 당연히 풀릴 리 없고 많은 일이 자꾸만 꼬여가는 것 같다. 그런 날에는 전화 통화를 하다가도 본의 아니게 실수를 저지르게 되면서 오해가 생겨 곤혹스러웠던 기억이 난다.

한번 상상해보자, 인상을 쓰고 말도 곱게 나오지 않는 나의 얼굴을. 상상하기도 싫지 않은가? 내 아이가 그 얼굴을 계속 보면서 눈치를 살피고 있을 것이다.

생각해보자. 나는 언제 짜증이 제일 많이 났을까? 내가 가장 짜증스러울 때는 일이 잘 풀리지 때가 아니라 내가 힘들고 피곤할 때이다. 피곤하면 힘들고, 힘들면 만사가 귀찮아지면서 의욕이 떨어진다. 당연히 말도 곱게 나오지 않는다. 옆에 있는 아이도 그 영향권에 있다. 먹구름이 하늘을 뒤덮듯 집 안에 먹구름이 끼면 아이의 하늘에도 먹구름이 끼고 비가 온다. 우리는 한 하늘을 가진 가족이 아닌가?

• 부모가 기분이 좋아야 환한 얼굴을 보며 내 아이가 웃는다.
• 부모가 체력이 좋아야 아이와 놀아줄 수 있다.
• 부모의 감정이 좋아야 아이에게 편안함과 안정감을 줄 수 있다.

나의 감정은 내 아이도, 다른 사람도 느낄 수 있다. 내가 성급하고 조급해하면 아이도 덩달아 조급해지고 힘들어한다. 그러다 보면 모든 생활에 주의력과 집중력이 떨어지고 부담을 가질 수 있다. 어른인 우리도 체력이 떨어지고 힘들어하면서 어떻게 아이에게만 "예쁜 말을 해야지", "긍정적으로 생각해"라고 얘기할 수 있을까? 정말 옛말 틀린 것 하나 없다. 부모는 아이의 거울이라고, 부모가 좋으면 아이도 좋은 것이다.

지금 내 아이에게 가장 필요한 것은 좋은 것 사주고 하나라도 더 가르치려고 조바심치는 성질 급한 부모가 아니라 인내심을 갖고 아이의 이야기를 끝까지 들어주는 부모이다. 그러기 위해서는 우선 체력을 길러야 한다. 아이와 생활 패턴을 맞춰 일찍 자고 일찍 일어나자. 아이를 재우고 밤늦도록 아이의 교육 자료를 검색하느라 밤새지 말란 말이다. 밤을 새워 다음 날 아이와 함께할 엄마표 학습 계획을 완벽하게 짜놓으면 뭘 할까? 막상 내일이 되면 피곤해서 아이에게 짜증 내는 나를 보게 될 텐데! 무엇보다 건강한 부모가 밝고 건강한 아이를 만들 수 있다.

평소에 아이와 죽이 잘 맞는 내 친구는 아이를 학교에 보낸 뒤 오후 2시까지 집안일과 볼일을 마치고 나서 아이가 집으로 돌아오기 전까지 휴식을 취하거나 낮잠을 잔다. 아이가 돌아오기 전에 재충전하여 아이를 반갑게 맞이하기 위해서이다. 그래서인지 아이와 정말 잘 지내고, 아이에게 세상에서 누가 제일 좋냐고 물어보면 엄마가 제일 좋다고, 제 마음을 잘 알아준다고 할 정도이다. 초등학생도 아니고 사춘기로 접어들었는데도. 이런 것은 본받을 만하다.

두 얼굴을 가진 카멜레온 같은 부모가 되지 말자.

간섭하지 말고
따뜻하게 소통하라

내가 학교에 다니던 시절, 초등학교 시절에는 무조건 엉덩이가 무거운 것이 최고였다. 진득하니 앉아 외우고 또 외우고 공부하고 또 공부하면 성공했다. 무조건 공부만 잘하면 되는 시절이었다. 그때는 부모도 먹고살기 바빠서 아이가 공부를 하든 말든 내버려두었다. 공부할 아이는 공부하고, 놀 아이는 놀았다. 그래서일까, 조금만 공부하면 성과가 보였다.

요즘은 다르다. 대부분의 아이들이 공부를 잘한다. 부모가 아이의 학업에 관심이 많은데다 공부를 해도 쉽게 티가 안 난다. 헝그리 정신으로 무조건 외우던 부모 세대와 달리 창의력과 언어력도 요구된다. 무조건 외우고 시험만 잘 보면 되던 부모 세대와 확연히 다른 시대다.

내가 공부하던 시절보다 요즘이 더 어렵다. 그래도 변하지 않은 것은, 요즘도 그때처럼 영어 단어를 외워야 하고 수학 공식도 알아야 하고 한자도 외워야 한다. 아이들은 외워도 외워도 끝이 없다고 말한다. 맞다. 세월은 흘렀어도 공부에는 왕도가 없다. 시대는 급속히 변했지만 공부 방법은 예전과 다를 바 없이 원시적이다.

요즘 초등학교에 다니는 아이들에게 공부를 하면서 가장 힘든 것이 무엇이냐고 물어보면 대부분의 아이들이 '영어 단어 외우기'라고 대답한다. 초등학생인데도 하루에 20~50개의 단어를 외워야 한다. 영어 단어를 외우지 않으면 남아서 외우고 시험을 통과해야 집에 갈 수 있다고 한다. 맞는 말이긴 하다. 영어 단어를 알아야 무슨 말인지 이해하지 않겠는가.

그런데 만약 부모에게 하루에 영어 단어 20~50개를 외우라고 한다면 어떻게 될까? 예전에 못했으니 지금 하라면 열심히 외울까? 의욕은 앞서지만 생각보다 만만치 않을 것이다. 쉽지 않다.

이렇게 공부하는 것이 아이들에겐 아주 힘들고 크나큰 스트레스와 부담임을 알아야 한다. 영어 단어 외우기는 부모가 대신해줄 수 없다. 아이가 스스로 외워야 한다. 그렇다고 힘들어하는 아이를 가만히 내버려둘 것인가? 혹은 네 공부니까 네가 알아서 하라고 방관할 것인가? 어차피 해야 할 공부라면 조금 덜 힘들도록 만들어줄 수 있지 않을까?

얼마 전 「영재 발굴단」이라는 TV 프로그램에 신희웅이라는 여덟 살 남자아이의 이야기가 나온 적이 있었다. 그 아이는 화학을 좋아하고 원소에 빠져 있는 영재라고 한다.

여덟 살밖에 안 된 희웅이가 어렵고 복잡한 원소를 아는 것도 신기하지만 사람들을 더욱 놀라게 한 것은 희웅이의 부모님이었다. 희웅이의 부모님은 모두 청각 장애가 있어서 의사소통이 쉽지 않다고 한다. 상대방의 입모양을 보고 겨우 알아듣는 정도였다. 그래서 희웅이가 말할 때면 부모님은 아이에게서 눈을 떼지 않았다. 힘들게 일하고 오는 아버지도 집에 돌아오자마자 희웅이 옆에서 관심을 가지고 묵묵히 지켜본다고 한다. 「영재 발굴단」에서 실시한 양육검사에서 희웅이의 부모님은 가장 높은 점수를 받았다. 바로 '관심'이다. 따뜻한 눈빛으로 아이를 바라보고 들어주는 관심과 사랑이 아이를 영재로 만든 것이다.

힘들게 영어 단어를 외우고 공부하는 아이를 혼자 두지 말자. 서로를 바라보며 격려해주고 응원해주자. 넌 할 수 있다는 자신감을 심어주자.

옆에서 지켜보고 들어주고 소통해보자. 분명 우리 아이는 지금보다 나아질 것이다. 아이에게 수학 문제를 풀라고 하면서 엄마는 나 몰라라 하면, 아이는 어떤 생각이 들까? 억울하다는 생각이 들 것이다. 나는 이렇게나 힘들게 공부하라고 해놓고 신경도 안 쓴다고. 최소한 함께하고 있다는 생각이 들도록 해주자. 아이가 공부할 때면 엄마도 책을 읽거나 공부를 하며 분위기를 맞춰주는 것이 좋다. 더 나아가 아이의 학습 상황을 살펴보고 함께 답안지를 맞춰보거나, 조언을 해줘라.

흔히 어른들이 하는 말이 있다. "네가 할 일은 공부밖에 없다. 학생이 하는 일이 공부지 뭘 하느냐?"라고. 이런 말은 아이에게 쉽게 먹혀들지 않는다. 공부는 평생 하는 것이다. 네가 지금 하는 공부는 엄마도 하고 있다. 다만 모든 공부에는 때가 있는데 지금이 가장 중요한 때이고, 지금 공부하는 것이 나중에 공부하는 것보다 훨씬 효율적이라고 설명해주는 것이 더 낫다.

아이와 함께 공부하고 그것에 대해 이야기를 나눌 수 있는 부모가 되어보자. 우리 엄마가 나와 말이 통하다니! 든든한 지원군처럼 느껴지지 않을까? 내가 만난 대부분의 아이들이 초등학교 3학년 때부터 엄마와 말이 통하지 않는다고 하니 한 번쯤 생각해볼 일이다.

듣기 좋은 말이
자신감을 심어준다

긍정적인 마인드와 관련된 유명한 이야기가 있다.

물이 절반쯤 차 있는 컵이 있다. 이 컵을 보고 어떤 사람은 절반밖에 없다고 말하고, 또 어떤 사람은 절반이나 차 있다고 말한다. 나는 어떤 사람일까? 부정적인 사람일까, 긍정적인 사람일까? 놀랍게도, 사람들에게 이 이야기를 해주면 자신은 '물이 절반이나 차 있네'라고 말하는 긍정적인 사람이라고 한다.

누구나 긍정적인 마인드를 갖고 있다. 나 또한 그렇다. 되도록 긍정적으로 생각하려 노력하고 있다. 일부러 기분 나쁘게 말하는 엄마가 어디 있겠는가. 또 일부러 아이를 괴롭히는 엄마가 어디 있겠는가. 단지 나쁜 엄마, 욱하는 엄마, 목소리가 큰 엄마, 잔소리하는 엄마로 만드는 아이가 있기 때문인 것이다. 아이가 안 하니 엄마가 이것 해라, 저것 해라 말하는 것이다.

아이가 학교에서 수학 숙제를 알림장에 써왔다. 당연히 숙제는 해야 할 텐데, 스마트폰만 들여다보며 도통 숙제 할 생각을 하지 않는다면 나는 어떻게 할까?

1단계 "애야, 숙제 해야지?" 하고 점잖게 말한다.

그러자 아이는 알았다고 대답한 뒤 꼼짝할 생각도 하지 않고 스마트폰만 계속 들여다보고 있다.

2단계 한 번은 참는다. "엄마가 아까 숙제 하라고 했는데?"라고 상냥하면서 부드러운 말투로 얘기한다.

3단계 나는 인내심 있는 긍정적인 엄마니까 한 번 더 꾹 참는다.

"숙제 해야지?"

그래도 안 하면 목소리가 높아지기 시작한다.

4단계 "숙제 하라고!"

5단계 "숙제 언제 할 거니?"

6단계 "빨리 하라니까!"

7단계 "너, 숙제 안 할 거야?"

이쯤 되면 아무리 성품이 좋은 엄마라도 참기 힘들다. 평소에 고상하고 얌전해 보여서 절대 고함을 지르지 않을 것 같은 엄마들도 속속들이 들여다보면 매한가지다. 내가 그동안 보아온 엄마들은 대부분 그러했다. 나도 그랬다. 누구는 그러고 싶었을까? 아이에게 좋은 말만 해주고 싶다. 아낌없이 칭찬해주는 친구 같은 엄마이고 싶다. 이런 마음을 아이가 이해해주면 좋으련만, 상황이 이렇게 전개되고 나면 결말은 뻔하다. 누군가 한 명은 문을 쾅 닫고 들어가버린다.

그런데 엄마들이 모르는 한 가지가 있다. 세상에 자기 일을 스스로 찾아서 하는 아이는 그리 많지 않다는 사실이다. 엄마가 보기에 다른 아이들은 학교에 다녀와서 숙제도 척척 잘하고 할 일 다 하고 나서 노는 것 같다는 생각이 들지만 전혀 그렇지 않다. 대부분의 아이들은 다 똑같다.

아이들에게 너희가 좋아하는 말, 듣기 좋은 말은 무엇이냐고 물어보았다.

- 사랑해.
- 감사해.
- 고마워.
- 기뻐.

- 오늘 학원 안 가도 돼.
- 잘했어.

그러면 너희가 제일 듣기 싫어하는 말은 무엇이냐고 물어보았다.

- 오늘은 ○○학원에 가야 해.
- 시간 없어, 빨리해.
- 손바닥 내.
- 왜 이렇게 못하니?
- 몇 대 맞을 거야?
- 너, 집에 가서 가만두지 않을 거야.

어떤 아이는 엄마가 "너, 집에 가서 보자"라고 말했을 때, 소름이 돋으면서 겁을 먹었다고 한다. 안타까운 현실이다. 언젠가 책에서 읽었는데, 물에 긍정적인 말을 해주면 아름다운 모양으로 얼고, 나쁜 말을 해주면 못난 모양으로 언다고 한다. 물도 그러한데 하물며 사람은 어떠할까?

내가 배 아파 낳은 자식을 내가 보듬어주지 않으면 누가 보듬어줄까? 나와 내 아이의 모습을 머릿속에서 그려보자.

친구와 노는 것을 더 좋아하는 내 아이를 남과 비교하다 보면 부모는 속이 상하고 잔소리가 더 늘어나게 된다. 내 아이를 자꾸 혼내며 다그치게 된다. 머릿속으로 상상해보자, 내가 원하는 우리 아이의 모습은 무엇인지. 밝게 웃는 내 아이의 모습을 그릴지, 매일 떠밀려 힘들어하는 내 아이의 얼굴을 그릴지!

부모가 아이를 믿지 않으면 아이도 스스로를 믿지 않기 시작한다. 부모가 "너는 안 돼, 너 따위가 뭘 해?"라고 입버릇처럼 말하면 아이도 스스로에게 '나는 안 돼, 나 따위가 뭘' 하고 생각하게 된다. 별것 아닌 듯하지만 좌절이 몸에 배게 된다. 습관이 되면 무섭다. 그것을 극복하기 위해서는 부정적인 말을 했던 시간보다 몇 배 더 많은 시간이 걸린다.

우리 모두는 그런 아이가 되기를 원치 않는다. "네가 뭘 하겠니, 네가 그럼 그렇지"라고 말하지 말고 "넌 할 수 있어, 내가 아는 넌 달라!"라고 말해주자. 아이에게 자신감을 심어주자. 조금만 더 참고, 조금만 더 기다리면서 아이의 눈높이에 맞춰 무엇을 하고 싶어 하는지 생각해보자. '칭찬은 고래도 춤추게 한다'는 말이 있지 않은가. 눈에 넣어도 아프지 않을 우리 아이에게 좋은 말을 해줘도 부족하다. 아낌없이 사랑하자.

내 아이만의 공부법을
함께 찾는다

아이를 학교에 보내면서 가장 고민스러운 것은, 요즘 아이들은 모두 공부를 잘한다는 것이다. 갈수록 학업 수준이 높아지면서 공부하는 시간도 양도 늘어나게 된다. 그런 아이를 잘 뒷받침해주려면 부모도 달라져야 한다.

하지만 나는 책만 보면 하품이 나오고 한 장만 넘겨도 잠이 쏟아지는데, 어떻게 하란 말인가?

다른 부모들은 어떠할까? 어떤 부모는 집 안에 절대로 장난감을 놓아두지 않는다고 한다. 놀 게 없고 할 게 없다 보면 자연스럽게 책을 읽게 된다고. 어떤 부모는 매주 소풍을 가듯 도서관이나 서점을 찾아간다고 한다. 어떤 부모는 체험 위주로 여행을 간다고 한다. 많이 보고 느끼는 것이 중요하다고.

어떤 부모는 차 트렁크에 돗자리와 야외용 테이블을 가지고 다닌다고 한다. 날씨가 좋으면 무작정 나가서 아빠는 나무 밑에서 낮잠을 자고 아이는 뛰놀다 동화책도 읽고 배가 고프면 음식을 배달시키면 되니까.

이렇듯 부모들은 늘 아이에게 어떻게 가까이 다가갈까 고민한다. 정답은 없다. 그것은 부모와 아이, 환경에 따라 달라지기 때문이다. 대신 잊지 말아야 할 것이 있다. 아이 따로 부모 따로가 아닌, 부모도 너와 함께 열심히 하고 있다는 것을 보여주어야 한다.

아이들과 얘기하다 보면 하나같이 이렇게 입을 모은다.

"우리 엄마 아빠는 나한테만 하라고 해요!"

아이에게 공부를 시켜놓고 엄마는 스마트폰으로 친구와 수다를 떤다. 아이에게 숙제를 하라고 해놓고 엄마는 드라마를 본다. 아이에게 공부하라고 하면서 그날 아이가 무엇을 공부했는지, 학교에서 무엇을 배우고 있는지 관심도 없다면 아이는 어떻게 생각할까? 나한테만 공부하라고 한다고 여길 수밖에 없을 것이다.

이를 극복하기 위한 가장 좋은 방법은 아이가 공부하는 내용 정도는 파악하고 있어야 한다는 것이다. 아이가 공부하는 내용을 알고 아이와 함께한다면 당연히 공감대가 형성되고,

모르는 것은 부모에게 물어보기 시작한다. 그렇다고 아이가 학교에서 배우는 것들을 예습할 필요는 없다. 아이와 학습 진도를 맞춰서 그날그날 함께 학습해나가고 모르는 것은 함께 찾아보자. 그렇게 되면 '엄마는 나한테만 공부하라고 해!'라는 불만이 사라진다. 물론 아이가 중고등학교에 진학하면 이렇게 하기는 어려울 것이다.

초등학교에 다닐 때만이라도 아이와 함께해보자. 그러면 아이는 엄마가 나를 이해하고 있다고 느낀다. 더불어 아이의 학습 수준까지 알게 된다. 아이가 어느 과목을 어려워하는지, 또 무슨 내용을 어려워하는지 알 수 있다. 부모로서 아이가 어려워하는 것을 쉽게 이해하도록 다양한 방법으로 도움을 줄 수 있다. 아이를 학원에 보내더라도 학습 수준을 알고, 그 성향을 알고 있기 때문에 어느 학원이 아이에게 맞을지 쉽게 판단할 수 있다. (안타깝게도 학원을 선택할 때 친구 따라 강남 보내는 엄마가 참 많다. 그런 엄마들에게는 '돈 낭비, 시간 낭비' 하지 말라고 충고해주고 싶다.)

아이가 어려워하는 것과 관련된 자료를 찾아보러 도서관에 함께 간다거나, 체험 학습을 통해 훨씬 쉽고 재미있게 공부하는 방법을 가르쳐줄 수도 있다. 그런 과정에서 공부하기 어려워하는 아이가 '아, 공부는 재미있기도 하구나'라고 느낄 수 있으며 하나씩 알아가는 기쁨도 맛볼 수 있다.

이런 것들은 아이 혼자 공부하라고 내버려두면 절대 알 수 없다. 책상머리에 앉아 있는 것이 공부의 전부가 아니라는 것을 알게 해주면, 아이 스스로 자신에게 맞는 공부법을 찾게 된다. 이런 아이들은 중학생이 되면 자신만의 공부법이 무엇인지 알고 누가 시키지 않아도 스스로 공부한다. 즉 자기주도학습이 가능해지는 것이다.

이것만으로도 초등학교 공부는 성공했다고 할 수 있다. 자기주도학습은 초등학교 때부터 할 수 있는 것이 아니다. 초등학교 때에는 엄마가 옆에서 지켜봐주고, 학습 습관을 바로잡아주어야 한다.

훌륭한 부모는 물고기를 잡아주지 않고 물고기 잡는 방법을 알려준다. 초등학교 때에는 공부를 잘하는 것이 중요하지 않다. 어떻게 공부하면 효과적인지를 알려주어야 한다. 이런저런 시도를 해보고 아이 스스로 자신에게 맞는 공부법을 찾도록 지원해주는 것이 무엇보다 필요하다.

실패해도 좋다. 아이에게 맞지 않아도 괜찮다. 다시 하면 된다. 아직 우리 아이에게 주어진 시간은 많다. 이제 공부를 시작하는 아이에게, 먼저 공부를 해본 선배로서 공부하는 방법을 다양하게 함께 체험해보도록 하자.

아이의 입장에서
생각하고 인정한다

매일 100점을 받아오는 옆집 아이, 매일 책도 싫고 공부도 싫다는 우리 아이! 상황이 이렇다면 정말 미치고 팔짝 뛸 일이다. 하지만 여기서 정말 미치고 팔짝 뛸 일은, 허구한 날 옆집 아이와 우리 아이를 비교하고 있는 엄마 자신의 모습이다.

학교에도 가기 싫고, 학원에도 가기 싫고, 매일 동생과 싸우고, 책을 거들떠보지도 않는 아이가 어느 날 갑자기 공부를 시작하지는 않는다. 공부하기 싫다는 아이가 공부를 한다고 성적이 껑충 뛰어오르지도 않는다.

내 아이가 모든 면에서 앞서가야 한다는 강박관념을 버려라. 공부든 운동이든, 아이마다 그 시기와 습득하는 속도가 다르다. 이것을 인정하지 않는 순간부터 부모도 아이도 힘들어진다. 매일 잘하는 아이와 비교하면서 '너는 왜 그렇게 못하냐'고 하면, 아이도 엄마도 얼마나 피곤할까?

그냥, 있는 그대로 인정해주자. 내 아이의 부족함을 인정해야 부모도 아이도 편안해진다. 설마 내 아이가 이럴 줄 몰랐다고 아무리 하소연해도 내 아이와 옆집 아이는 바꿀 수가 없다. 부모 자식도 똑같지 않고 형제끼리도 다른데 어떻게 다른 아이들과 똑같을 수 있을까. 지금 내 아이가 잘해도 옆집 아이가 더 잘할 수 있고, 지금 우리 아이가 못해도 조금 있으면 크게 두각을 나타낼 수 있다.

세상 누구보다도 내 아이는 내가 잘 알지 않는가. 관심 어린 눈으로 지켜보고 사랑으로 보듬어주자. 소통하면서 아이를 이해해보자. 동생과 매일 싸우는 아이도 그럴 만한 이유가 있다. 들어주자. 공부를 하지 않는 아이도 분명 이유가 있다. 들어주자. 말을 잘 듣지 않는 아이도 나름의 이유가 있다. 들어주자.

동생과 싸우고 공부도 하지 않고 말도 잘 듣지 않는 아이는 존재 가치가 없을까? 세상 사람들 모두가 무시해도, 부모까지 아이를 무시해서는 안 된다. 내가 아니면 도대체 누가 내 아이의 말을 들어주겠는가. 부모가 아이의 얘기를 들어주다 보면 그 입장에서 생각하고 왜 그랬는지 이해하고 아이를 인정해주기 시작할 것이다.

　이때 가장 중요한 일은 욕심을 버리는 것이다. 아이에게 너무 크게 기대하지 말고 지금 내 아이가 가지고 있는 것만큼만 지켜주고 인정해주자. 그러다 보면 틀림없이 변화할 것이다.

공부 습관,
어떻게 만들어가야 할까?

초등학교에 입학하면 우리 아이는 무엇이 달라질까? 이제 제법 컸으니, 스스로 공부하지 않을까? 이러한 기대감을 품고 있다면 과감히 버려라. 아이 혼자서도 잘할 거라는 생각은 착각일 뿐이다. 이제 갓 초등학교에 들어간 여덟 살 아이가 교과서를 가지고 스스로 공부하는 경우는 1000명 중 한둘이나 가능할까?

그런데다 교과서도 그 유형부터 예전과는 크게 다르다. 아이 혼자 공부한다는 말은 어불성설이다. 엄마들이 자랄 때를 떠올리며 '우리 아이는 똑똑하니까, 유치원에서 다 했으니까 혼자 할 수 있어'라고 생각한다면, 그것은 백퍼센트 엄마의 착각이다. 공부도 생활처럼 습관을 만드는 것이 중요하다.

공부 습관은 아이 혼자서 만들 수 없다고들 한다. 아이와 함께, 즉 아이가 공부할 때 옆에서 함께 공부하라고 말한다. 하지만 현실은 그렇지 않다. 정말 쉽지 않다. 아이 옆에서 책도 읽고 가르쳐주기도 하고 대화도 하고 싶은데…… 고개만 살짝 돌려보면 싱크대에 설거지해야 할 그릇이 쌓여 있고, 곧 퇴근하는 아빠의 저녁도 준비해야 한다. 세탁기에는 빨랫감이 그득하고, 건조대에서는 걷어야 할 옷과 양말들이 빼곡하다.

생각처럼 쉬운 일이 아니다. 하지만 지금 다시 아이를 키운다면, 꼭 해야겠다는 생각이 드는 게 있다. 우리 집에 도서관을 만드는 것이다.

설거지할 그릇이 쌓이고 집이 조금 지저분해져도 좋다. 조금만 참고 조금만 미루자. 우리 아이의 미래가 밝아질 수만 있다면! 책이 많지 않아도 상관없다.

도서관처럼 책을 보고 읽을 수 있는 '우리집도서관'에서 하루에 한 시간이든 두 시간이든 일정한 시간을 정해 아이와 나란히 앉아 책과 놀고 싶다.

책을 싫어하고 책을 오래도록 보지 않는 아이를 억지로 한두 시간씩 앉혀놓으면 우리집도서관은 문을 닫게 될지도 모른다. 책을 싫어한다면 아이가 좋아하는 것(물건)이 나오는 책으로 관심을 갖게 만들거나, 글의 양이 적은 그림책을 활용해보자. 『코끼리 아저씨와 100개의 물방울』처럼 글자가 나오지 않는 책들은 더 많은 이야깃거리를 만들 수 있다. 그림책은 글을 읽지 못하는 어린아이들에게 보여준다고 생각하는 부모가 많다. 하지만 아이의 생각을 키워주는 데 그림책보다 좋은 게 없다. 창의력이 뛰어난 아이가 머리가 좋다고 한다. 그림책은 창의력을 키우는 가장 좋은 방법 중 하나다.

우리집도서관을 만들면 5분도 앉아 있지 못하던 아이가 5분에서 10분으로, 10분에서 20분으로 집중하는 시간이 조금씩 늘어난다. 주의가 산만하고 오래 집중하지 못하던 아이가 매일 달라진다고 생각해보자. 엄마는 정말로 행복해질 것이다. 생각만 해도 설레고 기분 좋지 않는가?

또 하나, 공부 습관을 들이기 위해 꼭 해야 할 것이 있다.

그것은 아이와의 약속을 만드는 것이다.

밖에 나갔다 들어오면 꼭 손을 씻어야 하듯 아이가 집에 오면 제일 먼저 해야 할 일은 숙제다. 학교나 학원에서 받은 숙제는 그날 중에 해야 한다고, 아이와 반드시 지켜야 할 약속으로 만들어야 한다.

이제부터 아이와 함께 공부 습관을 어떻게 만들어나가야 하는지 하나씩 차근차근 생각해보자.

아이가 초등학교에 들어가면 국어와 국어활동, 수학과 수학익힘, 통합교과(학교·가족·봄·여름)를 배우게 된다. 그중 어느 것 하나 중요하지 않은 과목이 없다.

인터넷이나 문제집 등 국어와 국어활동에서 읽기와 쓰기는 기본이고 어휘력과 독해력이 뒷받침되지 않으면 따라가기 힘들다고 한다. 하지만 전문가가 아닌 아이를 먼저 키워본 선배 엄마로서 생각해보면 국어와 국어활동, 통합교과는 책을 읽는 아이라면 크게 걱정할 필요 없이 따라갈 수 있다. 책을 많이 읽는 아이는 문장을 빠르게 이해하고 어휘력과 독해력도 좋은 편이다. 더불어 쓰기는 조금만 연습하면 잘할 수 있다.

하지만 수학과 수학익힘은 이야기가 조금 다르다. 1학년 1학기 수학에서는 다음과 같은 단원이 나온다.

1. 9까지의 수
2. 여러 가지 모양
3. 덧셈과 뺄셈
4. 비교하기
5. 50까지의 수

스토리텔링 수학으로 바뀌면서 책을 많이 읽는 아이가 수학을 잘하고, 서술형 문제에 강하다고 한다. 책을 많이 읽는다고 연산(덧셈·뺄셈)까지 잘하지는 않는다. 독서를 잘하면 문제를 잘 이해할 수 있고 문제를 해결하는 다양한 방법을 찾는 능력이 길러진다. 연산 능력이 부족한 아이를 보고 수학을 잘한다고 말하는 사람은 본 적도 들은 적도 없다.

첫 단추를 잘 끼우면 절반은 성공이라고 한다. 그만큼 시작이 중요하다.

그 출발점 중 하나가 독서하는 습관이다. 그래야 문제를 빨리 이해할 수 있다.

예전과 달리 요즘은 서점에 다양한 책이 나와 있다.

책을 싫어하는 아이에게는 쉽고 재미있는 만화책을 골라준다. 아이가 좋아하는 자동차나 캐릭터가 실린 책을 보여준다. 이처럼 부모들이 신경 쓴 덕분인지 요즘은 책을 좋아하고 손에서 책을 놓지 않는 아이가 의외로 많다. 그것은 곧 공부를 잘할 수 있는 아이, 똑똑한 아이가 많다는 이야기다.

그러므로 책을 읽는 아이들 중에서도 공부를 잘하고 못하는 것은 수학에서 판가름이 난다. 다양한 이야기와 의견을 표현하는 국어와 달리 수학은 문제를 푸는 과정뿐 아니라 정확한 답을 요구하는 과목이다. 그러다 보니 잘하고 못하는 것이 명확해진다. 이것은 곧 수학에서 정확한 답을 구하는 아이가 공부를 잘하는 아이로 보인다는 말과 같다.

정확한 통계가 아닌, 아이를 키워본 엄마로서 돌이켜 생각해보면 수학을 잘하는 아이가 자신감이 있어서인지 발표도 잘했다. 그러다 보니 모든 일에 적극적이며 반장이나 임원도 더 많이 맡았던 것 같다. 반장이나 임원이다 보니 아무래도 공부에 좀 더 신경 쓰게 되고 학습에 대한 동기부여가 생겼던 것 같다. 또한 다른 과목에 대한 자신감도 함께 생기지 않았을까 싶다.

수학은 초등 교과의 총집합이다.

독서력, 사고력, 응용력 등이 모두 합쳐져야 하는 유형의 교과서로 바뀌어가고 있기 때문이다. 그렇기에 수학을 잘하는 아이가 공부도 잘하며, 학교에서 적극적이고 자신감 있게 생활할 수 있다.

초등 1학년 수학 공부 습관이
왜 중요할까?

생활 속 수학 이야기

전문가가 아닌 학부모 입장에서 보면 학교에서 배우는 교과 학습을 어떤 방식으로, 어떻게, 어떤 대화나 질문으로 연계하여 접근해야 하는지 막막하기만 하다. 그렇다고 초등 1학년인 아이를 학원으로 내몰 수도 없는 노릇이다.

아이와 함께 국어책을 읽은 뒤 문장을 얼마나 이해했는지, 어떤 질문을 해야 하고 확인해야 하는지, 어떤 대화를 해야 하는지 도대체 아무것도 모르겠다. 그런 과정을 실행하더라도 내가 잘하고 있는지, 그 방법이 맞는지 알 수가 없다.

수학도 마찬가지다. '수학' 하면 선행 학습보다 적기 학습이 적합하고 개념원리를 정확히 알아야 기초를 탄탄히 쌓을 수 있다는데, 도대체 개념은 뭐고 원리는 무슨 말이지 모르겠다. 왜 그리 알쏭달쏭한 전문용어를 써가며 힘들고 복잡하게 만드는지 이해되지 않는다.

우리 엄마들은 단순하게 한 가지만 생각해보자.

수학이 아무리 어렵고 복잡해도 '1+1'은 '2'라는 건 알고 있다. 다시 말하자면 수학책에는 수와 순서의 구분이 나온다. 무슨 말인지 모르겠지만 알고 보면 별것 아니다. 사실은 우리 모두 다 아는 내용을 수와 순서로 구분해놓은 것이다. 수는 '1, 2, 3, 4, 5, 6……'을 나타내고 순서는 '첫째, 둘째, 셋째, 넷째, 다섯째……' 등을 나타낸다. 수와 순서를 잘 몰라도 '1, 2, 3, 4……'와 '첫째, 둘째, 셋째……'는 알고 있지 않은가.

이와 같이 어렵고 복잡하게만 느껴지는 수학을 일상생활에서 일어나고 사용하는 이야기를 통해 좀 더 쉽게 수학적 개념을 이해하도록 만든 것이 스토리텔링이다.

학부모들은 수학 전문가는 아니지만 아이들과 가장 많은 시간을 보내며 가장 많은 대화를 하는 장본인이다. 이것은 엄마만이 가질 수 있는 가장 큰 장점이다. 따라서 스토리텔링 수학처럼, 공부가 아니라 일상적인 대화로도 수학에 좀 더 가까이 접근할 수 있는 방법이 있다.

그 방법은 왠지 귀찮고 어려울 것 같지만 내 아이를 생각하고 조금만 신경 쓴다면 충분히 실천할 수 있는 것들이다.

먼저 학교에서 무엇을 배우는지부터 알아야 스토리텔링으로 접근할 수 있지 않겠는가? 교과서는 인터넷을 통해 살펴보거나 교과서 판매처에서 구입할 수 있다. 학기가 끝난 뒤 주변 사람들에게 교과서를 챙겨달라고 미리 부탁해둘 수도 있다. 그러지 못했다면 서점에서 다양한 수학문제집을 살펴본다. 문제집에서 '요점 정리'를 읽어보면 어떤 내용과 단어들이 나오는지 정확히 알 수 있다.

예를 들어 1학년 1학기 4단원 '비교하기'를 살펴보자.

- 길이를 비교하는 길다 짧다
- 높이를 비교하는 높다 낮다
- 키를 비교하는 크다 작다
- 무게를 비교하는 무겁다 가볍다
- 넓이를 비교하는 넓다 좁다
- 양을 비교하는 많다 적다

이와 같은 단어들을 아이와 대화하거나 놀면서 써보자.

- 엄마는 우리 이쁜이보다 키가 크네.

- 아빠 밥은 우리 이쁜이 밥보다 많네.
- 학교에 가는 길은 시장에 가는 길보다 더 긴 것 같아.

수학책을 보면서 단어를 접하는 것보다 일상생활에서 들어본 이야기가 좀 더 쉽게 이해된다. 학습하는 것보다 더 오래 기억되고 헷갈리지도 않는다. 수학이 어려워 보이지도 않을 것이다. 이와 같은 방법이 진짜 스토리텔링이라고 할 수 있다.

수학책이나 수학문제집이 있어야 수학 공부를 할 수 있는 건 아니다.

수학 이야기를 하다 보면, 가끔 수학보다 영어를 공부해야 하지 않느냐는 질문을 받는다.

내 아이에게 수학을 가르칠 수 있을 거라는 생각도 들지 않는데 영어를 어떻게 가르칠 수 있을까? 단어, 문법 등을 제대로 알지 못하는데다 그보다 더 심각한 건 발음이다. 사실 아이 앞에서 영어로 말하기가 조금 부끄럽기도 하다. 그래서 영어는 일찌감치 비싼 학원으로 돌리게 된다. 영어는 초등학교 3학년 때부터 교과서에 나오기 시작한다. 대부분의 아이들은 일찌감치 학원에 다녀서인지 학교에서의 영어 공부를 너무 쉽게 여기는 같아서 안타까운 마음이 들기도 한다.

아이를 먼저 키워본 선배 엄마로서 하나 더 말하자면, 국어든 영어든 수학이든 무엇 하나 소홀히 해서는 절대 안 된다는 것이다.

제일 중요한 건 아이의 시험 점수를 잘 나오게 하는 것이 아니다. 제일 잘하는 과목, 제일 좋아하는 과목을 만들어 자신감을 심어주어야 한다.

영어는 매일 단어 외우기, 문법, 회화 등 해야 할 것이 많다. 힘들고 지친다고 아이가 투덜댄다. 그런 아이의 얼굴을 보면서 우리는 다시 한 번 생각해봐야 한다. 주위의 다른 친구들을 보면서 비교하고 불안해할 필요가 없다. 빨리 배운다고 좋은 점만 있는 건 아니기 때문이다. 엄마가 생각하는 대로 공부한 뒤에 우리 아이를 판단해도 늦지 않다.

그렇다면 우리 엄마들은 어떻게 공부했을까? 내가 좋아하는 과목은 하지 말라고 해도 스스로 재미가 있어서 자꾸 공부하려고 한다. 내가 멀리하는 과목은 손도 대기 싫고 쳐다보기도 싫다. 그러다 보니 시간이 지나면서 공부할 양이 늘어나 점점 힘들어진다.

시대가 달라졌다지만 내 아이도 엄마가 어렸을 때와 같은 생각을 하지 않을까?

공부가 아닌 대화로

학습에 대한 자신감을 가장 빨리 향상시키는 방법은 수학에서 찾을 수 있다.

수학 전문가들도 '1+1=2'라는 수의 개념부터 가르쳐준다.

전문가라고 처음부터 '100+100=200'을 가르치는 게 아니라 아이의 학습 수준에 맞게 '1+1'부터 시작한다.

아이에게 편안하게 다가가 엄마가 할 수 있는 것부터 하나하나 알려주면 된다.

공부가 아닌 대화로 전달해보면 어떨까?

이것이 스토리텔링이다.

공부를 하면서 처음 접하는 단어는 생소하게 들린다. 그런데 엄마와 대화하면서 한 번쯤 들어본 단어는 빨리 이해된다. 처음 들어본 것과 이미 들어본 것은 아이에게 전혀 다르게 받아들여진다.

아이에게 항상 네 곁엔 엄마가 있다고, 공부보다 엄마의 사랑을 느끼게 해주고 싶다. 그와 함께 공부도 잘하면 더 이상 부러울 게 없다. 처음부터 아이에게 너무 크게 기대하고 학습에 대한 부담감을 안겨준다면 엄마도 아이도 너무 힘들어진다.

부끄럽지만, 지금 내 마음속 한구석에는 그래도 학습에 대한 욕심이 조금은 남아 있다.

재미있는 수학, 탄탄해지는 공부 습관

마냥 놀기만 하는 내 아이를 어떻게 하면 좋을까?

이제 어엿한 초등학생인데, 아이는 유치원 때와 별반 다르지 않다. 이곳저곳을 뛰어다니며 노느라 정신없다. 친구와 스마트폰 게임만 좋아하는 우리 아이, 어떻게 해야 할까? 생각만 해도, 아이의 얼굴을 보기만 해도 한숨이 나온다. 그렇다고 매번 "공부, 공부!"라고 외칠 수도 없다. 가슴이 답답하다.

이제 시작인데…… 초등학교 6년, 중학교 3년, 고등학교 3년, 대학교. 공부! 하루 이틀 공부할 게 아닌데, 이제 아이가 할 일은 공부밖에 없는 것 같은데…….

어떻게 하면 좋을까?

지금 당장 100점을 받아와야 하고 반에서 꼭 1등을 하는 것이 중요할까?

그게 아니라면, 지금 당장의 성적보다 아이의 공부 습관을 바로잡아주는 것이 중요할까?

사실 우리 모두는 답을 알고 있다. 그러면서 제대로 실천하지 못하고 있다.

그래서 아이를 다시 키운다면 정말 제대로 잘 키울 것 같다는 자신감과 지난 경험을 바탕으로 하나하나 이야기해보려 한다.

방송이나 인터넷을 통해 자주 접하는 말이 하나 있다. 공부를 잘하는 아이들은 자기주도학습이 잘되어 있다고 한다. 그런데 그 아이들은 처음부터 스스로 자기주도학습을 했을까?

자기주도학습이란 학생이 스스로 학습 의지를 가지고 공부하는 것을 말한다. 왜 공부해야 하는지를 알고 목표가 정해졌다면 얘기하기도 편하고 설득력이 있겠지만, 이제 유치원을 갓 졸업한 초등 1학년생에게 올바른 대답이 나올까? 정말 아무런 생각이 없다. 그렇다면 방법은 하나뿐이다. 지금은 무작정 문제집을 사다가 공부를 시키는 것보다 공부하는 습관을 하나씩 만들어주는 것이 최선책이다.

다시 한 번 말하지만, 시작이 중요하다.

지금이다.

초등 1학년 공부, 수학으로 공부 습관을 들일 수 있다.

수학문제집이나 교과서를 보게 되면 집에서나 학원에서나 1단원부터 순서대로 문제를 풀어야 한다고 생각한다. 나도 그렇게 가르쳤다.

수학 문제에서는 연산이 조금 많지만 모든 문제가 연산을 할 줄 알아야 풀 수 있는 건 아니다. 연산도 있고, 도형도 있고, 규칙도 있다. 다양한 문제가 정말 많다. 생각을 조금 달리해 접근해보자.

첫째! 문제집이나 교과서를 처음 접하면 처음부터 끝까지 한번 살펴보게 된다. 새 책은 대부분의 아이들이 좋아한다. 재미있는 그림이나 캐릭터, 그리고 만화가 실려 있기 때문이다. 아이가 전체적으로 한번 살펴보도록 내버려두자. 무엇이 나오는지 모두 다 기억하진 못해도 그중 한 가지는 머릿속에 남지 않겠는가! 무슨 내용이 나오는지 우리는 기다려야 한다.

부모라면 꼭 알아야 한다, 교과서도 책이라는 것을.

둘째! 아이에게 전체적으로 살펴본 뒤 풀 수 있는 문제를 한번 골라보라고 말한다. 아이는 혼자서 풀 수 있는 문제와 좋아하는 문제를 골라야 하므로 다시 한 번 처음부터 끝까지 살펴보게 된다. 처음에 그림이나 만화를 중심으로 살펴보았다면, 이번에는 스스로 풀 수 있는 문제를 골라야 하므로 이전보다 더 집중해서 읽고 찾게 된다.

아이가 문제를 골랐다면 한 페이지만 풀어보게 한다. 어려운 문제보다 쉬운 문제가 더 많을 것이므로 당연히 답을 맞히는 문제가 더 많을 것이다. 학년이 올라간다고 무조건 어렵고 힘들지 않다는 것을 아이가 알 수 있도록 해준다.

또한 내가 좋아하는 과목도 있지만 수학에서도 좋아하고

자신 있는 단원이 있다는 것을 알려줄 수 있다.

아이가 연산 문제를 골랐다면 "넌 어쩜 이렇게 연산을 잘하니?"라고 말해줘라. 도형 문제를 골랐다면 "도형을 배우지도 않았는데 풀었구나. 대단하다. 넌 진짜 짱이야! 정말 잘해"라며 아이의 사기를 북돋워줘라.

닭살이 돋을 만큼 어색해도 아이가 수학 문제를 푼 뒤 행복감을 만끽할 수 있도록 해주어야 한다.

셋째! 좋아하는 단원이 나왔으니 이제 내 아이를 천재로 만들어주어야 한다. 연산을 좋아하면 연산 천재를, 도형 문제를 잘 풀었으면 도형 천재를, 규칙 문제를 잘 풀었으면 규칙 천재를 만들어주자. 그러면서 매일 조금씩 기분 좋게 문제를 풀도록 일정한 양을 정해주어야 한다. 수학 문제를 풀수록 기분이 좋아지게 만들고 매일 조금씩 풀도록 해주자.

넷째! 아이가 아무리 좋아하는 과목이라도 어려운 단원과 쉬운 단원이 있다. 아이에게 어려운 단원을 참고 이겨내고 달래며 풀게 하지 말자. 어려운 단원 1장, 쉬워하고 좋아하는 단원 1장씩 섞어서 풀게 하자. 그러면 수학에 대한 어려움이나 지루함이 줄어들 것이다.

다섯째! 아이가 문제를 풀면서 100점을 맞는 것도 중요하지만 실수를 하지 않은 것에 대해 칭찬해주어야 한다. "어머,

100점이네"가 아니라 "어머, 우리 예쁜 아이는 실수도 하지 않고 잘했구나!"라고 말해주자. 실수하지 않은 것을 칭찬해 주면 아이는 더욱더 실수하지 않기 위해 좀 더 신중하게 문제를 읽게 된다.

여섯째! 수학 문제를 풀 때 새로운 단위나 단어가 나오면 일상생활에서 찾아보거나 이야기를 만들어보자.

두 수의 크기 비교가 나오면 "500원은 1000원보다 작습니다"라고 말해준다. 가르기가 나오면 "사과 세 개를 엄마 두 개와 나 한 개로 가르기를 했습니다"라고 말해줘라. "엄마 사과 두 개와 내 사과 한 개를 모으면 사과 세 개가 됩니다"라고 모으기의 예를 들어도 된다.

다양한 서술형 문제가 나오다 보니, 문제를 만들어보기도 하고 풀이 과정을 일일이 쓰라고 하는 문제가 많다. 이제 쓰기를 배우는 아이에게 문제를 만드는 부담감을 덜어주면서 이야기하는 식으로 다가가는 것은 아주 좋은 방법 중 하나다. 일종의 숨은그림찾기와 비슷하다고 할 수 있다.

제2장

초등 입학 전
수학 공부 습관

몸이 힘든데
제대로 공부할 수 있을까?

부모들은 아이가 학교에 간다고 하면 걱정이 태산이다. 우리 아이가 공부는 잘할까, 우리 아이가 친구들과 사이좋게 지낼 수 있을까, 이런 것들이 제일 먼저 걱정된다. 하지만 공부, 친구 관계보다 더 중요한 것은 아이와 부모의 기초체력이다.

어른과 마찬가지로 아이도 몸이 아프거나 체력이 떨어지면 공부도 운동도 할 수가 없다. 아이가 아프지 않고 튼튼하게 자라주기만 해도 감사하고 또 감사한데, 부모의 욕심은 그 정도에 그치지 않는다. 이왕이면 공부도 잘하고 운동도 잘하면 좋겠다는 생각이 든다.

초등학생들도 유치원 때처럼 자유로운 자세로 수업을 하

고, 수업 중이라도 손을 번쩍 들어 "화장실에 가도 돼요?"라고 선생님에게 물어본 뒤에야 화장실에 갈 수 있다. 초등 1학년 아이들이 수업하는 교실을 지켜보면, 한 시간 내내 자리에 앉아 있는 것조차 힘들어하는 아이들도 있다. 사실 이건 당연하다. 1교시 40분을 앉아 있기는 쉽지 않다. 몸을 비틀거나 엎드린 자세로 칠판을 바라본다. 안타깝고 안쓰럽다. 그리고 중고등학생들의 이야기를 들어보면 학년이 올라갈수록 체력이 뒷받침되지 않아서 공부하기 힘든 경우가 많다고 한다. 맞는 말이다.

체력이 탄탄한 아이들이 공부를 해도 제대로 할 수 있다. 오랫동안 자리에 앉아 공부를 하더라도 끈기 있게 끝까지 파고들 수 있다.

체력!! 아마 지금 살짝 미소를 짓는 부모도 있을 것이다.

내 아이를 보면 체력이 남아돌아 주체할 수 없을 것 같기 때문이다. 대부분 남자아이들이 그렇다. 하루 종일 뛰어다녀도 지치지 않는 것 같다. 자식이지만 참 부럽기까지 하다.

대개 여자아이들이 체력이 따라주지 못하는 경우가 많다.

대부분의 학교에서는 줄넘기를 하고 있다. 아이가 운동을 싫어하면 줄넘기를 가르쳐주는 학원에 보내거나, 줄넘기에 재미를 붙이도록 음악줄넘기를 배우도록 하는 부모도 있다.

줄넘기를 하다 보면 성장판을 자극하여 키가 크는 데도 도움이 된다고 이야기하기도 한다.

체력이 너무 좋아 주체할 수 없다면 움직여야 스트레스가 풀리기 때문에 운동을 한 가지씩 하는 것이 좋다고 한다. 태권도, 인라인스케이트, 수영, 축구 등 운동을 통한 특기를 살려주는 것이다.

흔히들 움직임이 많아야 체력이 길러진다고 생각한다. 하지만 내가 경험한 바로는 꼭 그렇지만은 않다. 요가나 명상을 따로 배우지는 않았지만, 아이가 어렸을 때 매일 명상을 한 적이 있다. 의자나 바닥에 앉아 허리를 꼿꼿하게 펴고 손을 무릎 위에 가지런히 놓는 것만으로도 생각보다 힘이 들었다. 처음에는 1분, 그다음부터는 2분, 3분으로 조금씩 늘려가며 20분 넘게 명상을 했다. 너무 산만하게 움직이는 아이에게는 부모와 같이하는 명상(요가) 자세도 체력을 단련하기 좋은 방법이다.

초등학교 저학년생은 공부보다 기초체력을 탄탄히 갖추는 것이 제일 중요하다. 무엇을 하든 ‘건강하게 밝게 자신 있게’ 실천하는 데는 기초체력이 우선되어야 한다.

책읽기는 기본이다

'책읽기', 이건 두말하면 잔소리다. 공부 습관에 관해 이야기할 때 '책읽기'는 절대 빼놓을 수 없다.

아이가 책을 좋아하면 그것만으로도 너무 감사한 일이다. 그런데 책을 읽지 않으면 어떻게 해야 할까? 책을 많이 읽으면 공부를 잘하고, 책을 멀리하면 공부를 못할 것 같다! 모든 아이가 그렇지는 않지만 대부분은 그렇다.

책을 통해 많은 것을 알아가며, 흥미를 느끼고, 정보를 얻고 생각하게 된다. 그러면서 지식이 늘어난다. 문제는 책을 아예 싫어하는 아이들이 있다는 것이다.

그런 아이들은 어떻게 해야 할까?

아이를 보며 한 번쯤 생각하면 답이 나올 수 있다.

책을 아주 싫어하지 않는다면 만화책이나 아이가 좋아하고 흥미로워하는 분야가 무엇인지 살펴보아야 한다. 그리고 관심 있는 분야의 책을 읽도록 해주거나 정기적으로 서점에 가서 아이가 읽고 싶어 하는 책을 고르도록 하는 것도 좋다.

아이가 책을 좋아하도록 만들고 싶다면 부모는 두 가지 일을 해야 한다.

그중 하나는 아이 몰래 집 안에 있는 장난감을 숨기는 것이다. 단, 한꺼번에 치우지 말고 하나씩 서서히 치워야 한다. 장난감이 없으면 아이는 새 책을 한 번이라도 더 보게 될 것이다. 책에 대한 애착을 갖도록 책 앞부분에 누구와 함께 어디서, 그리고 책을 고른 이유를 쓰고 사인을 하는 것도 좋은 방법이다.

책에 나와 있는 글씨를 읽기 싫어하는 경우도 있다. 아이가 책을 정말 싫어한다면 부모가 대신 읽어주거나 그림책을 함께 보며 이야기해보자. 그림책은 책을 읽지 못하는 아이들만 보는 게 아니다. 상상력과 창의력을 길러주는 데 아주 효과적이다. 그림책은 보는 사람에 따라 많은 이야기를 만들 수 있다. 한 번 보고 이야기할 때는, 앞에 있는 그림을 통해 이야기를 만들다가도 뒤에 나오는 그림과 연결되지 않아서 엉뚱한 이야기로 바뀌어간다. 여러 번 읽는 동안 하나의 이야기가 완성되기도 한다. 한 페이지만 선택하여 그림 하나로 이야기를 만들 수도 있다.

그런데 부모들의 착각 하나. 아이에게만 시켜서는 절대로 안 된다. 아이와 부모가 함께 이야기를 만들고 완성해가면서 책에 대한 관심과 재미를 찾도록 해야 한다. 그래야 오래도록 지속할 수 있다. 책을 좋아하지 않는 아이도 부모의 노력 여하에 따라 달라질 수 있다.

더불어 교과서도 '책'이라는 것을 명심해야 한다. '책읽기'에 익숙한 아이가 교과서도 잘 보게 마련이다. 공부를 잘하는 데도, 세상을 살아가는 데도 '책읽기'는 단연 중요하다.

수학은 수 읽기부터!

수도 잘 모르는 아이에게 무작정 수학 문제를 풀라고 할 수는 없다. 수를 알아야 덧셈이든 뺄셈이든 할 수 있다.

수를 알아야 한다고 '1, 2, 3, 4……'를 쓰는 문제집부터 내밀어 순서대로 가르치기보다는 수에 자연스럽게 접근하도록 해줘야 한다. 학습이 아닌 수를 읽는 놀이처럼, 수를 읽는 노래처럼 아이들은 재미있어야 오래 지속할 수 있다.

정리를 할 때도 아이가 듣든 말든 상자에 블록을 담으면서 "일, 이, 삼, 사, 오, 육…… 십"을 세면서 담는다('하나, 둘, 셋, 넷'보다는 '일, 이, 삼, 사'로 먼저 읽히면 수 읽기를 더 빨리 익히게 된다. '23은 이십삼'이라고 읽기 때문이다). 여러 번 듣다 보면 아이가 노래처럼 따라하며 수를 빨리 습득하게 된다. 지금은 엄마한테 수를 배우는 것이 아니다. 수를 노래처럼 따라한 것이다. 아이는 공부라고 생각하지 않고 놀이라고 생각할 뿐이다. 스트레스를 받지 않으면서 수를 알 수 있다. 블록을 정리했을 뿐인데 아이가 수까지 알게 된다면 일석이조, 아니 일석삼조이지 않은가!

수학은 수 읽기가 첫 번째 단추다. 첫 단추를 잘 끼우면 수를 통해 다양한 문제를 응용해가며 수학과 연계한 문제를 하나하나 풀어나가게 된다. 수학은 어려운 과목이 아니다. 꼭 책이 있어야 공부할 수 있는 과목이 아니라 일상생활 속에서도 얼마든지 익힐 수 있다.

학교에 들어가기 전에 수를 익힐 수 있는 수학 놀이는 무수히 많다. 인터넷으로 '수학 놀이'를 검색해보라. 수십 가지의 방법 중 우리 아이에게 맞고 간단한 것을 실천해보자. 아이에 따라 수를 받아들이고 이해하는 속도도 방법도 다르다.

부모들이 해야 할 일은 아이가 뭔가에 집중하고 있을 때 이래라저래라 "하면 안 돼!"라고 말하지 말고 조금만 지켜보자. 그러면 분명 잘하거나 예쁜 짓, 기특한 일을 하는 것이 보인다. 칭찬해주고 싶은 것이 한 가지는 보일 것이다. 아무리 작고 사소한 것이라도 상관없다. 장점을 찾아보자는 것이다.

아이는 지금 자신이 잘하고 있는지, 못하고 있는지 정확히 판단하지 못한다. 부모는 아이의 장점을 찾아내어 좋은 습관으로 바꿔주어야 한다. 장점을 칭찬함으로써 창의성을 길러주고 행복감을 심어줄 뿐만 아니라 아이의 특기를 살려줄 수 있다.

잘 못하는, 실수하는 점만 이야기하면 아이는 주눅이 들고 눈치를 보게 된다. 단점이 보인다면 잠시만 참고 미뤄두자. 장점을 칭찬하면서 하나하나 바꿔나가면 아이가 달라질 것이다. 부모의 사랑과 관심으로 장점과 더불어 기분 좋게 단점을 보완해갈 수 있는 것이다. 이제 시작이다.

놀이로 배우는 한 자릿수 덧뺄셈

자전거를 배울 때도 한 번에 잘 타는 사람은 없다.

몇 번, 아니 몇십 번을 다시 시도하고 넘어져야 잘 타게 되듯이 '수 읽기'도 하루아침에 한두 번 가르쳐주며 아이에게 해보라고 한다고 잘하게 되는 것은 아니다. 유치원에서 수 읽기를 배우지 않았다면 천천히 하나하나 알려주거나, 물건을 담을 때도 몇 개씩 한 번에 옮기지 말고 하나씩 세어가며 익혀야 한다.

밥상을 차릴 때도 수를 세어가며 숟가락을 놓는다. 책을 사서 숫자를 따라 써가며 학습하도록 하면 아이는 '힘들겠구나!'라고 생각한다. 일상생활 속에서 아이가 하루에 한 번씩만 들도록 하면 자연스럽게 수를 읽게 된다.

한 자릿수 덧셈과 뺄셈을 하면 좋겠지만, 이제 수 읽기밖에 못하는 아이에게 당장 학교에 갈 준비를 해야 한다고 덧셈과 뺄셈을 시킬 수는 없다. 그래서 수에 대한 양과 크기를 알려 줘야 한다. 우리 아이가 어릴 때 같이했던 놀이가 있다. 돈도 적게 들고 만들기도 쉽다. 꼭 한번 해보라고 추천한다. 아이들이 애벌레처럼 생겼다고 해서 '애벌레 만들기'라고 부르기도 하는 놀이다. 우리 주변에 있는 보육사나 문구점에서 쉽게 재료를 구입할 수 있다.

애벌레 만들기

준비물
컬러 솜 한 봉지, 투명 낚싯줄,
큐방(압착고무)

만드는 법
① 집에 있는 바늘에 낚싯줄을 끼운다.

② 바늘로 컬러 솜 열 개를 꿴다.

③ 여유 있게 낚싯줄을 자르고 양쪽 끝에 큐방을 연결하여 완
　 성한다. 엄마와 게임을 할 수 있도록 두 개를 만들거나, 컬
　 러 솜이 열 개인 것과 다섯 개인 것을 만들 수도 있다.

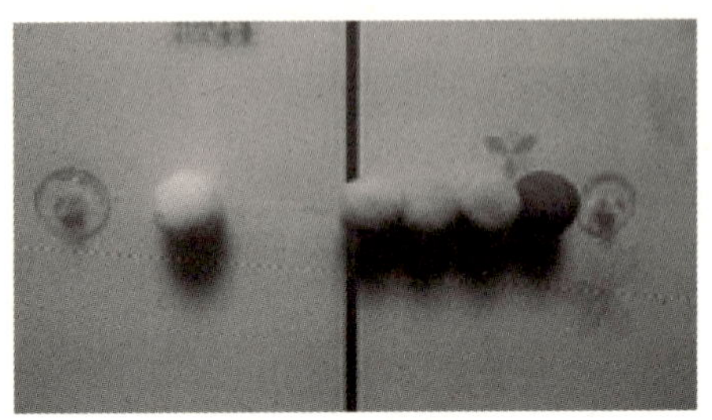

냉장고에 붙인 애벌레

이 놀이의 첫 번째 단계는 '컬러 솜 세기'다.

"우리, 몇 개인지 세어볼까?"

"이번엔 빨리 세어볼까?"

"누가 더 빨리 세는지 대결해볼까?"

"엄마는 '7'을 좋아해. 일곱 개만 세어볼까?"

이런 식으로 시작하면 아이는 공부가 아니라 게임을 하고 있다고 생각하며 무척 재미있어 한다. 아이는 컬러 솜을 세면서 수를 정확히 빨리 읽으며 수의 양과 크기를 알게 된다.

애벌레를 가지고 놀면서 아이에게 많이 칭찬해주고, 게임을 한다면 아이가 즐거워하도록 조금 아쉽게 져주는 것도 좋다. 아이가 놀이를 통해 수를 익히고 행복해한다면 얼마나 좋은가.

첫 번째 단계를 통해 아이가 이제 수를 잘 센다면 두 번째 단계로 넘어가면 된다. 이번 단계는 '한 손 가리기'다.

컬러 솜 몇 개를 손으로 가리면서 아이에게 "엄마가 몇 개를 가렸을까?"라고 묻는다.

아이가 눈으로 볼 수 있는 컬러 솜이 있다. 나머지는 엄마가 가리고 있다. 이때 엄마는 꼭 5보다 작은 수를 손으로 가려야 한다. 엄마가 가리고 있는 숫자가 너무 커지면 아이는 머릿속에서 수를 많이 세야 하기 때문에 어려워한다.

엄마가 한 개를 가렸다면 아이는 눈과 손으로 아홉 개를 세고 한 개를 생각해내면 된다. 그리고 두 개만 가렸다면 아이는 여덟 개라는 큰 수를 생각해내야 하기 때문에 버겁고 복잡할 수 있다.

아이가 대답하는 수가 작아야 잘 맞힐 뿐만 아니라 수를 빨리 떠올릴 수 있다. 잘 맞히면 재미있고, 자꾸 틀리면 어렵게 여겨진다.

아이가 문제를 맞힌 뒤에는 "그렇지, 아홉 개에 한 개가 더해지면 열 개가 되는구나"라고 말해줘라.

몇 번 연습하다 보면 1과 9, 2와 8, 3과 7, 4와 6, 5와 5를 합하면 10이 된다는 것을 알게 된다. 그런 다음에는 컬러 솜을 몇 개를 가리든 상관없다.

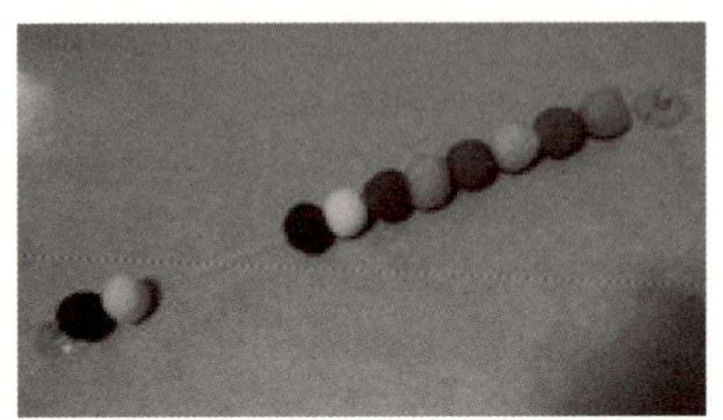

낚싯줄에 열 개를 꿴 사진

10을 사용하는 것은 우리가 십진법을 쓰고 있기 때문이다. 10이 되어야 받아올림과 받아내림을 하는 덧셈과 뺄셈의 기초가 될 수 있기 때문이다. 애벌레 놀이를 하다 보면 한 자릿수 덧뺄셈은 쉽게 이해할 수 있다.

놀이를 통해 덧뺄셈을 하게 된다면 아이는 절대로 학교에서 배우는 수학을 어렵다고 생각하지 않을 것이다.

칭찬이 아이를 춤추게 한다

"요즘 아이들은 말을 너무 잘해요. 말을 못하는 아이가 없어요."

"말 잘하는 아이들이 공부도 잘한다면서요?"

요즘 들어 실감하는 것들 중 하나는 말 잘하는 사람이 성공할 수 있는 기회가 많아진다는 것이다. 새삼 말의 중요성을 다시 한 번 생각하게 된다.

그런데 그냥 말을 하는 것과 말을 잘하는 것은 다르다. 같은 말이라도 상대방의 기분을 좋아지게도 하고 나빠지게도 한다. 또한 내가 좋으면 좋다고, 싫으면 싫다고 말할 줄 알아야 한다.

아이는 처음부터 말을 잘할 수 있다. 말하는 방법은 배울 수 있는 것이 아니다. 자연스러운 표현력은 책을 읽는 데서부터 시작된다.

하지만 책을 읽고 혼자서 표현력을 기르기란 너무 힘이 든다. 그런 만큼 부모의 역할이 크다고 할 수 있다.

부모들은 책을 읽은 뒤 그 내용을 물어보면 된다고 생각한다. 틀린 말은 아니다. 하지만 아이들이 책을 읽었다고 모든 내용을 기억하진 못한다. 처음에는 아이가 대답하기 편하도록 물어봐주자.

"제목이 뭐야?"

"아, 그렇구나! 누가(무엇이) 나오는데?"

"음~ 그럼 누구 이야기야? 주인공은 누구야?"

초등학교 1학년 2학기 국어활동책에 '청개구리 거꾸리'라는 내용이 있다. 아이들이 무척 재미있어 하고 좋아하는데 거꾸리와 궁금이, 즉 개구리 두 마리가 주인공이다. 거꾸리는 무엇이든 거꾸로 말하고, 궁금이는 무엇이든 물어보는 버릇이 있다.

아이들이 편안하게 대답하기 좋은 질문들은 대부분 글의 제목이나 주인공에 대한 것이다.

"제목이 뭐야?"

"누가 나오는데?"

"주인공은 누구야?"

"거꾸리는 왜 이름이 거꾸리야?"

"궁금이는 왜 이름이 궁금이야?"

글의 내용을 잘 이해했는지 알아보고 싶다면 이렇게 물어봐라.

"우와~ 재미있겠다. 무슨 내용인지 이야기해줄 수 있어?"

"거꾸리와 궁금이는 친구야? 어떤 사이야?"

"넌 누가 더 좋아? 왜?"

"거꾸리는 왜 반대로 말하는 거야?"

"궁금이는 뭐가 그렇게 궁금한 거야?"

글을 읽고 아이와 토론을 한다면 이렇게 물어볼 수 있다.

"거꾸리는 거꾸로 말하는 버릇이 있는데…… 거꾸로 말하면 뭐가 좋을까? 그럼 거꾸로 말하면 좋지 않는 점은 뭘까?"

"네가 궁금이라면 거꾸리한테 뭘 물어보고 싶어?"

이런 식으로 물어본 뒤 아이가 잘 대답하면 그 내용으로 넘어가면 된다. 여러 번 반복하고 나서 아이가 책 내용을 이야기하는 데 어느 정도 익숙해지면, 너무 재미있다면서 저녁에 아빠한테 들려주면 너무 좋아할 것 같다고 말해준다. 그러고는 저녁에 아빠한테 칭찬을 받고 나면 아이는 한껏 자신감을 갖게 될 것이다.

책을 읽은 뒤 칭찬을 받고 행복감을 맛본 아이는 책에 흥미와 재미를 느끼게 되고, 부모에게 이야기해주고 싶은 마음에 너욱 집중해서 책을 읽으려 할 것이다. 이것이 바로 '정독'이다. 책을 정확히 읽을 수 있도록 하는 것이다.

또 다른 방법은 음독을 활용하는 것이다.

책을 읽을 때 소리 내어 읽는 것을 '음독', 소리를 내지 않고 눈으로 읽는 것을 '묵독'이라고 한다.

묵독을 하면 책을 좀 더 빨리 읽을 수는 있다. 그러나 지금 아이에게 필요한 것은 책을 소리 내어 읽게 하는 것이다. 무조건 모든 책을 소리 내어 읽게 하라는 건 아니다. 글자가 적은 책을 선택해 엄마가 읽어주기 시작한다. 큰 소리로 정확하게. 그러면서 한 페이지씩 아이에게 읽도록 하고 서서히 양을 늘려주면 된다.

부모가 학교 선생님이라고 가정해보자. 학교에서 읽기 수업을 하는데, 혼자 중얼거리듯 읽는 아이와 천천히 또박또박 읽는 아이가 있다면 어느 아이에게 책을 읽게 하겠는가? 읽기도 연습이 필요하다. 부모가 아이에게 엄청난 것을 해주려고, 많은 것을 해주려고 애쓰기보다는 많은 기회를 얻도록 길을 터주는 것이 더 낫지 않을까?

줄넘기든, 블록 놀이든, 그림 그리기든, 글씨 쓰기든, 피아노 연주든, 독서든 입학하기 전에 아낌없는 칭찬으로 특기를 만들어줘야 한다. 아이가 조금이나마 자신 있어 하고 재미있어 하고 반복하고 싶어 하는 것이 무엇인지 찾아보자. 그것이 자신을 당당하게 표현하는 방법이다. 1학년이 되면서부터는 자기소개를 해야 하는 경우가 생기곤 한다. 1학년 때부터 자신을 당당하게 표현할 줄 알아야 자신감이 있어 보이고 잘한다는 생각이 들기 때문이다.

그리면서 생각하고,
상상하면서 표현한다

아이가 어릴 때는 손가락에 자극을 주면 두뇌 발달에 좋다는 말을 자주 들었다. 이왕이면 똑똑한 아이로 키워야겠다는 마음으로 소근육 운동에 좋다는 놀이를 많이 했다. 그중에서 가장 많이 한 것은 공놀이였고 두 번째는 손으로 만지는 찰흙 놀이, 그다음으로 아이와 함께 썰고 씻고 넣으며 간단한 요리를 했다.

그러면서 학습과 연결하여 손가락 힘을 길러줘야겠다고 생각했다. 색칠 공부를 할 때나 연필을 잡을 때 처음부터 잘하기를 바라지는 않았지만, 그래도 다른 아이들보다 조금은 더 잘할 줄 알았다.

손가락 힘이 길러지면 연필이나 크레파스로 자신이 원하는 방향으로 선을 긋거나 색칠을 하거나 글씨를 쓸 수 있다. 그만큼 아이가 원하는 대로 마음껏 표현할 수 있는 것이다.

우리 아이 성정이가 초등학교에 들어가기 전에 함께했던 놀이 하나가 있다. 알고 보면 시시해 보일지도 모르지만 그 효과는 분명했다.

먼저 줄이 없는 연습장 또는 스케치북, 연필, 크레파스, 볼펜 등을 준비한다. 그리고 한 면의 맨 아랫부분에 색깔이 다른 한 점을 만든 다음 5~10개의 점을 더 찍는다. 더 많이 찍으면 지루하고 힘들 수 있다.

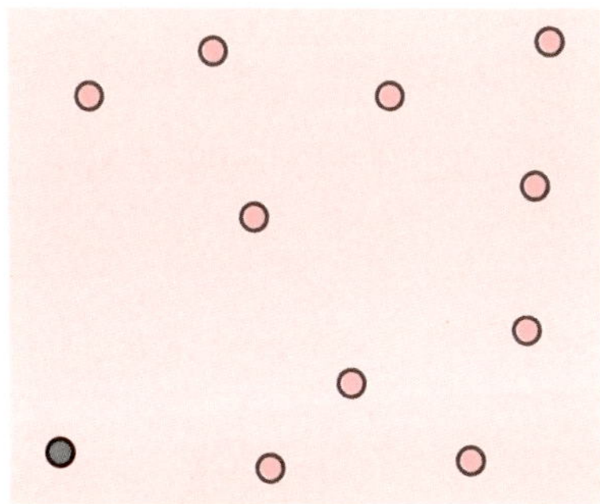

네모난 종이 맨 아래쪽에 검은 점을 표시했다면 첫날은 뱀이나 지렁이처럼 점을 찾아가야 한다고 이야기한다.

다음 날에는 자동차처럼 반듯하게 가야 한다고 말한다. 그 다음에는 '토끼가 깡충깡충 뛰듯이', '물고기가 수영하듯이'

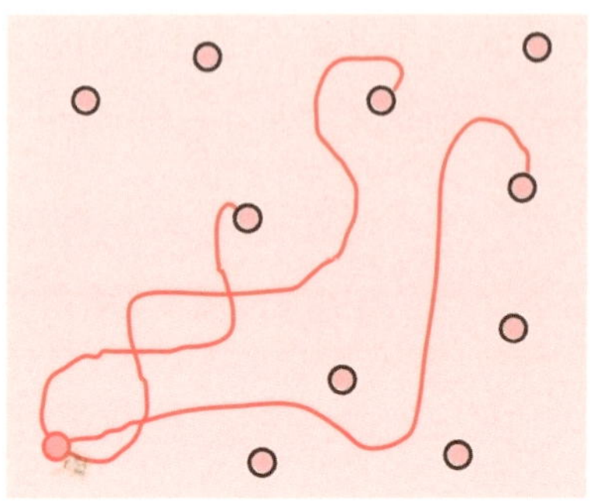

가야 한다고 말한다. 표현이 비슷한 듯하고, 매일 그리는 선이 비슷해 보이지만 아이의 생각은 크게 다르다. 엄마가 점을 찍는 모습을 보여주며 하루 이틀 하다 보면 아이가 자신이 하겠다고 나선다. 이 과정을 어느 정도 하고 나면 다음 단계로 넘어간다. 이번에는 그림에 있는 선을 순서 없이 모두 연결하도록 한다.

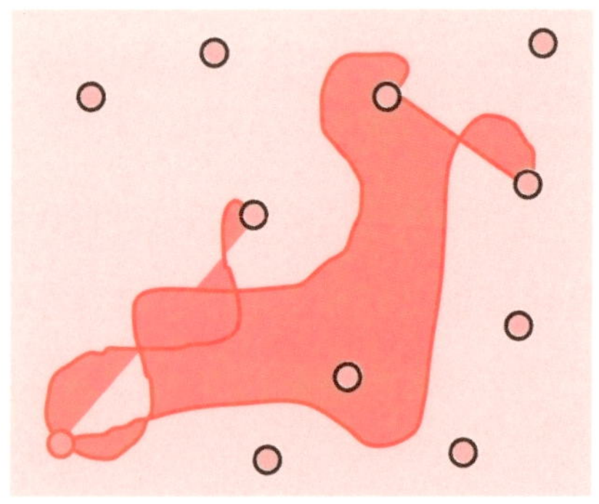

빠지는 점이 없는지 집중하면 자연스럽게 관찰하게 된다. 점을 모두 이은 다음에는 그림의 제목을 지어줘야 한다. 이 그림의 제목은 무엇일까?

괴물 같기도 하고 여우가 걸어가는 모습 같기도 하다.

정답은 없다. 아이가 지은 제목이 정답이다. 창의력과 상상력이 아주 높아지고 아이의 새로운 모습을 볼 수 있다.

다음은 자나 어떤 물건을 찾아서 선을 연결한다. 아이가 고무처럼 움직이는 것을 찾아오면 같이 그려보자고 이야기한다. 그런데 자꾸 움직여서 제대로 그려지지 않고 모양이 이상하다며 다른 것을 찾아오기도 하고, 자신이 좋아하는 인형이나 장난감 등 모든 것을 자로 재듯이 종이 위에 놓고 그려본다. 그러다 보면 주위를 살펴보는 관찰력이 아주 좋아진다.

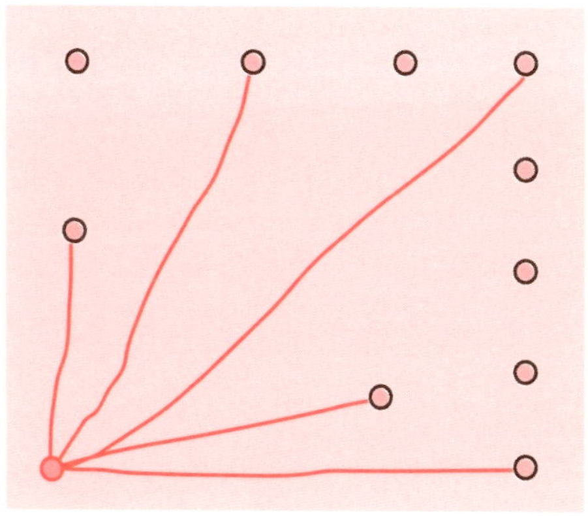

그리고 왜 그리기가 힘들고, 다른 것으로 바꾸면 왜 좋을지 서로의 생각을 나눌 수 있다. 선을 그릴 때 중복되는 선이 있으면 점은 달라도 같은 선이 되고, 텔레비전을 시청할 때 같은 줄에 앉으면 뒷사람이 보이지 않을 수 있다는 것도 알려준다.

이 놀이는 아이들이 가장 흥미로워했다. 점과 점을 연결하다 보니 집중력을 높이고 손가락 힘을 길러주는 데도 더할 나위 없다.

또 하나 효과적인 놀이는 가위로 오리는 것이다.

색종이를 오리고, 그림을 오리고, 아이가 좋아하는 캐릭터를 오리게 해보자. 이왕이면 그냥 오린 뒤 버리지 말고 작품을 만들어보자. 스케치북을 준비한 다음 엄마가 맨 위쪽에 '짱구', '자동차', '물고기' 등과 같은 제목을 몇 개만 적어둔다. 오리면서 제목과 같으면 그곳에 붙이고 다른 제목이면 뒤편에 하나씩 만들어가면 된다. 스케치북을 완성하고 나면 아빠나 할아버지, 할머니 앞에서 작품을 설명해보라고 한다.

90퍼센트는 발표가 아닌 웃음으로 넘기고 웅성웅성하듯 이야기하지만, 여러 번 하다 보면 조금씩 나아질 것이다. 성취감을 맛볼 뿐만 아니라 자신감과 전달력이 아주 좋아진다.

제3장

재미있는
수의 세계로!

왜 수학 공부를 해야 할까?

아이들에게 수학을 잘하면 뭐가 좋은지 물어본 적이 있다.

"좋은 대학에 갈 수 있대요."

수학을 단순히 학습으로만 받아들이기 때문이다.

가끔 어른들은 "왜 수학을 해야 하는지 모르겠어?"라고 말한다. '수학' 하면 더하고 빼기만 있다고 생각하기 때문인 것 같다. 단순하게 생각해보면 학교에서 배운 수학적 지식을 활용하는 사람이 있는가 하면, 전혀 활용하지 않는 사람이 있다. 잠시, 우리 집 주변을 한번 둘러보자.

우리 옆집에 슈퍼마켓이 있다. 주인아저씨는 날마다 돈을 센다. 간판집 아저씨는 매일 자를 갖고 다니며 가로와 세로의 길이를 잰다. 중국집 아저씨는 배달을 하면서 짜장면이 불어

터질까 싶어 시간과 거리를 재며 오토바이를 타고 날아다니는 듯하다. 소아과에서는 의사선생님이 아이들의 키와 몸무게에 따라 약을 얼마나 먹어야 할지 계산한다. 미용실 아줌마는 커트를 하면서 왼쪽과 오른쪽의 머리카락을 비교하고 파마를 할 때도 시간과 염색약의 양을 정한다.

확률이나 통계, 회계 등에 관련된 직업 종사자들뿐만 아니라 대부분의 직업과 실생활에서 수학이 널리 쓰이고 있다. 날마다 보고 쓰고 있는 것이다. 따라서 수학은 결코 쓸모없는 과목이 아니다.

수학은 시험 점수를 얻는 데만 필요한 것이 아니다. 문제를 생각하고 고민하고 해결해가는 과정에서 인생을 배우듯, 수학은 세상에서 부딪치며 살아가고 있는 사람들을 성장하게 해준다.

수학을 잘해야 진로를 선택하는 데 유리할 수 있다.

국어를 잘하면 국어 교사나 교육공무원, 언어치료사, 방송국 또한 신문사 기자, 광고인, 출판인, 한국어 강사, 언어학 연구원 등의 직업을 선택할 수 있다.

영어를 잘하면 영어 선생님과 외교관, 통역사, 스튜어디스, 무역관리사, 대사관 직원, 영어권 여행 가이드 등 아주 많은 직업을 선택할 수 있다.

90

　과학을 잘하면 과학자, 연구원, 전기전자·화학·기계·건축에 관련된 아주 많은 직업이 있다.

　수학을 잘하면 수학 선생님, 교수, 기상연구원, 금·은·금속·금리를 관리하는 선물중개인, 수의사, 은행원, 전자상거래전문가, 해양기술사, 공중보건의, 관세사, 물류관리사, 교육행정사무원, 소프트웨어개발자, 노무사, 품질관리기술사, 도시계획기술사, 수질환경연구원, 법무사, 변리사, 유전공학자, 인공위성연구원, 통신공학기술자 등 다양한 직업이 아주 많다.

　아이가 원하는 꿈이 있다면, 우리 생활 주변에 수학이 있듯 그 꿈에 수학이 분명 포함되어 있을 것이다.

　수학은 미래를 여는 꿈의 문일 수도 있다.

아이의 궁금증을 유발시킨다

　다른 부모들보다 유독 숫자를 좋아하고 수학에 관심이 많아서인지 모든 것이 숫자로 보일 때가 있었다. 그때 머릿속에 떠오른 생각은 '수학은 참 편리한 세상을 만들어준다'는 것이었다.

　아이의 친구 생일 때마다 선물을 포장하는데 쪼가리 하나 버리지 않고 사용한다. 시간과 이동을 최소화해 설거지, 빨래, 청소를 최대한 빨리 끝낸다. 여행 가방도 지퍼 팩으로 부피를 줄여서 싼다. 차량번호는 숫자로 이야기를 만들거나 말도 안 되는 억지를 만들어 오래도록 기억한다. 번호 5767은 '567땡땡'으로 기억하고 1882는 '1개를 두 팔로 2개로 만들었지~'라는 식이다.

수를 가지고 생활하다 보니 수학 이야기를 하지 않을 수 없다. 그러다 보면 헛웃음이 나오기도 하지만 정작 내가 수학을 사용하는지도 제대로 모르는 경우가 많다.

내 자식이 편안하게 잘살려면 수학 공부를 열심히 해야겠다는 이야길 한다.

'수학' 하면 떠오르는 것이 무엇이냐고 물어보면 대부분의 사람들은 '더하기와 빼기'라고 대답한다.

그래서일까, 수학 공부를 시작할 때면 '1, 2, 3, 4……'를 쓰거나 덧뺄셈 문제를 푸는 경우가 많다.

수학 공부를 시작할 때부터, 첫발을 내딛는 순간부터 딱딱한 수를 반복적으로 강요하듯 시키기 때문이다. 그러면 수에 질려 수학을 싫어할 수 있다.

누군가에게 이런 말을 들었다. 수학이 어렵고 너무 힘들다고 투덜대고 하소연하며 수포자(수학 포기자)가 되어간다고. 하지만 그 원인을 굳이 꼽자면 수학을 못하는 것은 수학 공부를 하지 않아서이지 못하는 것이 아니라고 했던 것 같다.

아이가 학습에 질려 수학 공부를 하지 않는다면 어떻게 하겠는가?

아이들에게는 무엇보다 수가 흥미롭고 재미있어야 한다. 처음부터 너무 힘들게 수와 만나서는 안 된다. 재미있게 다가

갈 수 있도록 해야 한다. 지금 당장 덧뺄셈 문제를 풀고 구구
단을 일찍부터 외운다고 수학 공부를 잘하는 건 아니다. 수와
친해지도록 해주자.

우리 주변을 둘러보면 숫자가 많이 보인다. 아이가 수에 대
해 관심을 가질 때 알려주자. 다양한 책이 많듯 수학에 관련
된 동화나 만화책도 많다.

아이와 함께 서점에 가보자. 아이가 수에 대해 무관심하다
면 서로에게 도움이 될 만한 책을 골라주고 그 이유를 설명해
주자고 약속한 뒤 재미있는 수학 이야기를 권장해주면 된다.

다만 전집은 권하지 않는다. 전집을 구입하려면 많은 비용
이 든다. 그런 만큼 부모는 아이에게 자꾸 읽기를 강요하고
다그치게 된다.

천천히 가자. 아이가 걸음마를 배울 때 한 번 걸었다고 곧
바로 걷거나 뛰지는 못한다. 수십 번 넘어지고 연습하면서 걷
기 시작했다. 서두르지 말고 관심을 가질 때 시작해도 늦지
않다. 지금 당장 수학 100점만 바라는 건 아니지 않은가. 1년
만 수학 공부를 하는 것이 아니다.

엄마의 권유로 시작하는 것과, 아이가 물어볼 때 시작하는
것은 다르다.

간단한 숫자 이야기를 만든다

곧 초등학교에 들어가야 하는데, 이제 간신히 '1, 2, 3, 4, 5……'만 읽을 줄 아는 아이가 있다고 하자.

이런 아이가 어떻게 덧셈과 뺄셈을 잘할 수 있을까? 그렇다고 책이라도 좋아하면 다행인데……. 답답한 마음에 부모는 한숨을 쉬며 '큰 기대를 하지 않으니 부디 건강하게만 자라다오'라고 생각한다.

모든 아이가 공부를 잘하더라도 1등과 꼴찌는 가려진다. 지금 다른 아이보다 셈이 느리다고 실망하거나 낙담할 필요는 없다. 요즘 수학은 스토리텔링으로 바뀌어가고 있다. 단순 계산보다 생각하고 응용하는 문제가 늘어나고 있다.

아이가 읽을 줄 아는 수까지만 활용하여 재미있는 숫자 이야기를 만들어주자. 예를 들어 아이에게 이렇게 물어본다.

"우리 집에는 세탁기가 몇 대 있을까요?"

그러고는 손가락 하나를 보여주거나, 하나라고 말해준다.

"우리는 하루에 밥을 몇 번 먹을까요?"

"우리 성정이는 하루에 응가를 몇 번 했을까요?"

"우리 성정이는 방귀를 몇 번 뀌었을까요?"

엄마의 물음에 아이는 까르르 웃는다. 생활 속 이야기를 하거나, 아이의 이름을 넣어주면 더 재미있고 흥미로워진다.

한 자릿수의 크기와 셈을 시작했다면 이런 식으로 한번 물어보자.

"우리 집 안방에는 강아지가 두 마리, 우리 성정이 방에는 고양이가 다섯 마리 있다면 우리 집 강아지와 고양이는 모두 몇 마리일까요?"

"우리 성정이는 방귀를 아주 많이 뀌어요. 아침에 한 번, 점심에 두 번을 뀌어 우리 집에 방귀 냄새가 진동하지요. 성정이는 오늘 하루 방귀를 몇 번 뀌었을까요?"

"우리 성정이는 자동차를 좋아해요. 거실에는 자동차가 네 대, 냄새 나는 화장실에도 자동차가 두 대 있어요. 우리 집에는 자동차가 아주 많아요. 우리 집 자동차는 모두 몇 대일까요?"

"우리 아빠는 대머리가 될지도 몰라요. 그래서 아주 슬퍼요. 왜냐하면 아침에 머리를 감다가 머리카락이 세 개 빠지고 저녁에 샤워하다 머리카락이 두 개 더 빠졌어요. 우리 아빠는 모두 몇 개의 머리카락이 빠졌을까요?"라고 물어본 뒤 아이 가 대답하면 다시 "우리 아빠 대머리가 되면 어떻게 하지요?" 라고 물어보면 기발하거나 기특한 대답이 나오기도 한다.

이런 대화를 하면 아이는 이것이 공부라고 생각할까, 재미 있는 이야기라고 생각할까?

수학을 싫어하는 아이들조차 거부감을 드러내거나 하기 싫 다고 이야기하지 않았다. 문제를 더 내달라고 보챘다. 특히나 아이들의 친구나 가족들의 물건을 소재로 한 문제를 내주자 너무 좋아했다.

책을 읽거나 문제를 풀기 싫어하는 아이를 억지로 책상 앞 에 앉혀두지 말고 이야기를 통해 아이가 수와 친숙해지도록 하면 좀 더 편안하게 수학 공부를 시작할 수 있다.

아이의 수학 자신감은
어떻게 생겨날까?

3월에 입학하면서 아이는 다양한 규칙을 배워가며 학교생활에 적응하게 된다. 글씨를 잘 쓰지 못하는 아이들은 그림을 그리거나 만들기를 하게 된다. 본격적인 학습의 시작은 받아쓰기와 수학이라고 할 수 있다. 그렇기 때문에 아이가 공부를 잘하고 못하고는 수학에서 판가름이 난다.

'수학' 하면 맨 먼저 무엇이 떠오르는지 한번 생각해보자.

아마도 그것은 숫자다. 가장 중심이 되는 수에 자신감을 갖도록 하는 것이다.

모든 문제집은 단계별·학년별 난이도가 있다.

한 자릿수 덧셈을 잘하게 되면 두 자릿수 덧셈을, 두 자릿수 덧셈을 잘하면 세 자릿수 덧셈을, 그리고 네 자릿수 덧셈을 하게 된다. 이렇게 단계별로 조금씩 익숙해져서 할 만하면 엄마나 선생님이 문제를 바꿔준다.

가만히 생각해보면 아이도 답답해할 것이다. 어느 정도 자신감이 붙을 것 같으면 자꾸 단계를 올려주니까. 간혹 어떤 아이는 어차피 빨리 풀면 더 어려운 문제를 내니까 천천히 하겠다고 한다. 기가 막힐 노릇이다.

지금부터 학습에 대한 자신감 길러주는 방법을 알아보도록 하자.

수의 폭 넓혀주기

아이에게 물어보자.

"나중에 크면 돈을 많이 벌 거야, 조금 벌 거야?"

당연히 많이 벌 것이라고 대답한다.

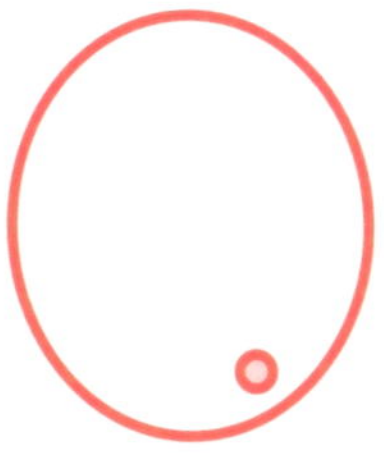

큰 원을 그리며 나중에 돈을 이렇게 많이 벌면 점을 찍고, 점을 가리키며 "이 점이 1억 원이라면 나한테 줄래, 안 줄래?"

라고 물어본다.

아이는 고민하다가 준다고 대답한다. 아이에게 '억'은 엄청나게 큰 수이기 때문에 고민을 하게 되는 것이다.

성인에게 물어보면 주긴 주는데 단서가 붙는다. "그렇게만 벌면야!"라고.

아무튼 아이에게 얘기한다. "내 이름은 일만이라고 해."

"나중에 이렇게 많은 돈을 벌면 1억 원 주는 거야!"라고 아이에게 말한 뒤 우리에겐 암호가 생겼다고 이야기한다.

"우리 암호는 '일만이가 억 달라고 조른다'야. 잊지 마!"

수 읽기를 천의 자리까지 자신 있게 할 때까지 하루에 한 번씩 암호를 물어본다. 5초밖에 걸리지 않는다. 암호를 물어보면서 천의 자리까지 수 읽기를 시키는 것이다. 1~2주만 연습해도 잘 읽을 수 있다.

"우리의 암호는 뭐지?"

"일만이가 억 달라고 조른다."

지금부터 5초의 효과를 말해주려고 한다.

4학년 1학기에는 '큰 수'라는 단원이 있다.

큰 수에는 일의 자리부터 조까지의 수가 나온다.

아이가 천의 자리까지 읽을 수 있으면 '43789087557615'를 써서 이 수를 읽을 수 있느냐고 물어본다. 당연히 아이는 기겁을 한다. 천의 자리까지도 간신히 읽고 있는데, 저렇게 많은 수를 어떻게 읽겠는가!

우선 긴 수의 뒤(일의 자리)부터 네 자리씩 끊어(/) 표시한다. '437 / 8908 / 7557 / 7615.'

다음은 암호와 함께 '일만이가 억 달라고 조른다'를 읽으며 숫자 아래에 일·만·억·조를 쓴다.

437 / 8908 / 7557 / 7615
조   억   만   일

마지막으로 끊은(/) 자리를 보며 수를 읽으면 된다. '437'에 조를 붙이고 '8908'에 억을, '7557'에 만을, '7615'를 읽으면 된다. 437조 8908억 7557만 7615라고. 얼마나 기특한지 모른다. 몇 번만 연습하면 충분히 할 수 있다.

6학년 아이들도 수를 못 읽는 경우가 생각보다 많다. 수를 보여주며 읽어보라고 하면 "일, 십, 백, 천, 만, 십만, 백만, 천만, 억, 십억…… 에이, 다시 일, 십, 백, 천……" 하면서 다시 자릿수를 찾으려고 한다.

암호 5초 외우기와 날마다 천의 자리를 읽도록 한다고 해 보자.

암호는 반복된 학습으로 잊어버리지 않는다. 아이는 평생 수를 자신 있게 읽을 것이다. 일의 자리만 계산하는 아이는 십의 자리까지밖에 모른다. 십의 자리를 계산하는 아이는 답이 백의 자리까지 나오니 제일 큰 수가 백의 자리까지밖에 떠오르지 않는다.

'일만이가 억 달라고 조른다'로 수 읽기를 한 뒤 아이에게 알려주자. 그리고 이렇게 많은 수가 있지만 너는 두 자리만 계산하면 된다고 알려준다.

십의 자리만 아는 아이가 백의 자리를 계산하려면 수가 커 보이고 버거울 것이다. 조까지 수를 읽는 아이가 백의 자리를 계산하려면 부담감이 적어진다.

수를 통해 아이의 부담감을 덜어주자.

바른자세로 공부한다는 것

공부를 할 때 가장 중요한 것이 무엇일까? 단연 머리가 좋아야 공부를 잘할 수 있다고 한다. 맞는 말이다.

하지만 머리가 좋다고 공부를 잘하는 건 아니다. 간단한 문제를 너무 복잡하게 생각해서 틀리는 경우도 있다. 문제가 쉽다고 너무 가볍게 여기면 알면서도 틀린다. 어렵지 않으므로 집중할 필요가 없다고 생각하면서 선생님 말씀에 귀를 기울이지 않고 공상에 빠져든다.

아이를 먼저 키워본 입장에서는 머리가 뛰어나지 않아도 '바른자세'를 몸에 익히면 공부를 잘할 수 있다고 확신한다.

그런데 '바른자세'로 공부하기 전에 해야 할 일이 있다.

바로 책상 위를 정리하는 것이다. 공부할 책과 공책, 연필 두 자루, 지우개 등 필요한 학용품을 제외하고 스마트폰, 필통, 장난감(인형, 블록, 자동차 등) 등은 모두 치워야 한다. 잠깐 집중력이 떨어지거나 다른 자세를 취할 때 아이가 좋아하는 것이 눈에 띄면 자기 의지와 상관없이 손이 가게 된다. '잠깐만 하면 되겠지?'라고 생각하다 보면 공부도 하지 않고 시간만 흘러갈 수 있기 때문이다.

공부를 시작하기 전에는 화장실에 다녀오는 것이 좋다.

아이가 공부하는 도중에는 간식을 가져다주지 않도록 한다. 중고등학생이라면 모를까, 초등학생은 공부하는 시간이 오래 걸리지 않는다. 공부를 하면서 간식을 먹는 것도 습관이 될 수 있다. 공부를 끝낸 뒤나 시작하기 전에 간단하게 먹을 수 있도록 하자. 아이가 좋아한다고 너무 배부르게 먹여서는 안 된다. 공부하는 도중에 화장실에 가거나 집중력이 떨어지면서 나른해진다.

바른자세로 공부하려면, 먼저 의자에 엉덩이를 깊숙이 넣으며 앉는다. 의자 끝에 걸쳐 앉는 경우 의자가 들려 앞뒤로 흔들거리거나 넘어져 다칠 수도 있다. 그리고 되도록 발이 바닥에 닿아야 한다. 의자에 앉아 발이 허공에 떠 있다 보니 앞뒤로 발을 흔들면서 공부하는 아이도 있는데, 잘못된 습관이다.

또한 허리를 꼿꼿하게 펴고 앉아야 한다.

요즘은 학생용 의자가 체형에 잘 맞춰 나오다 보니 안락한 데다 기능성이 뛰어나다. 물론 장점도 있지만 단점도 있다. 의자가 너무 편안하면 쉬는 시간이 늘어난다. 의자에 상체를 기댈 뿐인데도 침대에 누운 것 같다. 그러다 보니 잠시 쉬다 보면 집중력이 떨어지면서 공부하기가 싫어지고 졸릴 수 있다. 상체가 뒤로 젖혀지면 공부할 때 목이 쉽게 피로해지고 책을 보기도 불편하다. 그만큼 집중하는 시간이 짧아진다.

어른들이 컴퓨터 앞에서 일하는 자세와 아이가 책상 위의 책을 보며 글씨를 쓰는 자세는 조금 다르다. 그래서 학습용 의자의 등받이는 스펀지처럼 부드럽고 편안한 것보다 딱딱한 재질이 더 낫다.

그리고 반드시 하나 더 연습해야 하는 것이 '손들기'다.

학교에서 수업 시간에 선생님이 아이들에게 질문하는 경우가 있다.

드디어 발표할 수 있는 기회가 온 것이다.

팔을 귀에 대어 반듯하게 손을 드는 아이가 있는가 하면, 팔을 굽히거나 옆으로 팔을 뻗는 아이, 책상 위에 팔꿈치를 대고 손을 드는 아이 등 제각각이다.

과연 어떤 아이가 더 눈에 띌까? 손을 어떻게 드는 아이가 더 열심히 수업에 참여하고 선생님의 말씀을 집중해서 들을까?

바른자세로 앉고, 손을 바르게 드는 아이는 무슨 공부를 하더라도 집중력이 높고 자신감을 갖는다. 오랫동안 공부하더라도 쉽게 지치지 않는다.

어려운 문제가
성취감을 더 높여줄까?

"아이의 자신감은 어디에서 나올까요?"라고 물어보면 열에 아홉은 이렇게 답한다.

"아이도 잘해야 되겠지만, 부모가 아이를 자주 칭찬해주고 격려해주면 되지 않겠어요."

맞는 말이다.

아이가 좋아하거나 관심 있는 것이 있다면 잘할 수 있다고 생각하며 자신 있게 표현하고 집중할 수 있다.

또 하나, 강력한 자신감은 점수에서 나온다.

수학은 어떻게든 결과물이나 점수가 매겨진다.

점수가 높으면 스스로가 잘한다는 생각을 하고 자신감도 붙게 된다. 그래서 아이에게 선행 학습보다는 기본 원리를 통해 수학에 대한 자신감을 심어줘야 한다.

내 아이를 잘 안다고 부모가 아이의 수준을 고려하여 심사숙고한 뒤 옆집, 앞집 아줌마에게 물어보고 수학문제집을 선택해서는 안 된다. 그럴 바엔 아이와 함께 서점에 가서 문제집을 직접 고르게 하는 방법이 낫다.

어느 한순간에 자신감이 생기지는 않는다.

일상생활을 하다가 뜬금없이 자주 칭찬해주고 아이의 기를 살려준다고 자신감이 만들어지지 않는다.

내 아이와 주변의 아이들을 지켜보았을 때, 가장 빠르게 자신감을 갖게 해주는 방법은 아이가 높은 점수를 받는 것이었다.

점수가 잘 나오는 문제집을 선택하되 교과서나 가장 기본이 되는 문제가 나와 있는 것이 좋다.

아이의 기를 살리는
문제 찾기

교과서도 책이다. 아이가 1학년인데 교과서를 미리 구입하려 한다면 2학년과 3학년 것도 함께 구입한다. 교과서의 가격은 5000원을 넘지 않는다. '내 아이 기 살리는 투자'라고 생각하자.

아이가 1학년에 갓 들어가 이제 겨우 한 자릿수만 더할 줄 안다고 가정해보자. 그래도 교과서에는 덧뺄셈에 자신이 없어도 아이가 풀 수 있는 문제는 꼭 나온다. 1학년 2학기에는 '1부터 100까지의 수 쓰기'도 나오고, '그림으로 푸는 연산 문제 10-1', '0이 들어가는 10의 자릿수 계산', '같은 모양 찾기' 등이 나온다.

2학년 1학기에는 '100원이 세 개 있으면 얼마인가?', '색깔별로 분류하기’, ‘길이 재기’ 등이 나오고 2학년 2학기에는 ‘1000원이 여섯 개면 얼마인가?’, ‘전자시계의 몇 시 몇 분’, ‘좋아하는 과일은 몇 개인가?’ 등이 나온다.

아이가 1학년인데 2학년 문제 중 하나라도 찾아서 푼다면 부모 입장에선 감동적이고 깜짝 놀랄 일이다. 이때 아이를 한껏 칭찬하면서 치켜세워주자. 그러면 아이 스스로도 얼마나 뿌듯해하겠는가.

아이의 기를 살려주자. 넌 잘할 수 있다고, 2학년이 되어도 어려운 문제만 나오진 않는다고 아이에게 알려주자.

1학년이라고 2학년 문제를 풀지 못하는 건 아니다.

아이의 기를 살려주는 것도 별다르거나 어렵지 않다. 작은 칭찬의 말 한마디로도 아이에게 자신감과 학습 의지를 불어넣어줄 수 있다.

상을 받는 기쁨을 맛보게 한다

친구들과 대화하거나 놀 때는 아무렇지도 않게 큰 소리로 말하고 웃기까지 하는데, 수업 시간에 발표를 하게 되면 목소리가 아주 작아지는 아이들이 있다. 학교에서 시험을 치를 때도 마찬가지다. 시험 시간 전에 너무 떨려서 울렁증까지 생기는 아이도 있다.

모든 아이가 그렇지는 않지만 어느 정도는 대담성을 길러주는 것이 좋다. 그러면 자신감도 갖게 되는데, 공부나 운동을 하는 데 도움이 된다. 자신감이 없는 아이는 무슨 일이든 소심해지고 겁부터 집어먹는다. 그런 아이에게는 자격시험의 합격증을 받게 하거나 글짓기, 그림 그리기 대회 등에 참가해 상을 받게 함으로써 자신감을 심어줄 수 있다.

그렇다고 아이에게 선행 학습을 시키자는 말이 아니다.

한자자격시험이나 컴퓨터활용능력 등 국가자격시험은 일정한 점수를 넘어야 합격증을 준다. 아이가 학교에 들어가기 전에 자격증을 딴다는 것은 대단한 일이다. 부작용도 있다. 아이가 합격증을 받으면 성취감과 자신감, 그리고 특기를 가질 수 있지만 문제는 시험에서 떨어졌을 경우다. 첫 시험에서 떨어진다면 어떻게 될까? 아이는 크게 상심할 것이다. 시험 준비를 하느라 열심히 공부하고 기대감도 컸는데……. 아이는 두려움을 느끼며 앞으로는 절대로 시험을 보지 않겠다고 미리 고개를 가로저을지도 모른다.

그렇다면 다른 대회에 참가하는 것도 좋은 방법이다.

먼저 찾아봐야 하는 것은 시상 내역이다. 대회마다 시상 내역이 있는데, 자세히 살펴보면 몇 퍼센트까지는 무슨 상, 무슨 상으로 나눠진다. 참가하는 학생 모두에게 시상하는 대회도 있다. 100점이든 10점이든 상관없이 상을 주는 것이다. 특별히 준비하지 않아도 아이에게 보상이 주어진다. 상을 싫어하는 아이는 거의 없다. 상을 받으면 행복해하고 누군가에게 자랑하고 싶어진다. 어른들이 칭찬해주면 아이는 뿌듯함을 느끼면서 다시 도전하려 한다.

예를 하나 들어보자. 빠르고 정확한 연산을 하게 해주는 주산도 아이가 참가할 수 있는 대회다. 주산·암산대회에서는 시간을 정해 점수를 매긴 뒤 순위를 정해 상과 트로피 또는 상금을 준다. 당장의 점수보다는 아이 스스로 노력의 대가를 맛보며 성취감을 느끼도록 하는 것이 중요하다.

아이에게 상을 받는 기쁨을 맛보게 해주자. 참가하기만 해도 상장과 메달을 주는 대회도 있다. 모든 주산대회가 그렇진 않으므로 공고문을 꼼꼼히 읽어보아야 한다.

제4장

큰 차이를 만드는
작은 습관의 힘

교과서가 최고의 학습서다

가장 좋은 초등학교 학부모가 되려면 중고등학생과 마찬가지로 경제력과 정보력을 갖춰야 한다고 말한다. 가슴 아프지만 무섭고 서글픈 이야기가 아닐 수 없다. 그렇다고 지금 당장 복권이라도 당첨되어 경제력이 뒷받침되는 것도 아니고, 교육에 관련된 일을 하거나 아는 사람도 없는데 정보는 어디에서 듣는단 말인가. 부모 입장에서는 아이에게 미안함과 동시에 답답한 한숨만 나온다.

멀리 보는 새가 높이 난다고 했던가? 해석하기 나름이다. 중고등학생들의 꿈과 진로를 이야기할 때는 너무나 좋은 말이다. 하지만 지금 내 아이를 생각할 때는 너무 멀리 보려 하지 마라. 미래를 보고 계획하는 것도 좋지만, 지금은 아이가 학교에 잘 적응하고 학습에 흥미를 갖도록 만드는 것이 중요하다.

서점이나 인터넷, 또는 홈쇼핑을 보면 초등학생 필독서가 나온다. 전문가들이 학년에 맞춰 읽으면 학습에 큰 도움을 준다고 광고한다. 세트로 구성되어 있는 책을 사서 아이에게 여러 번 읽도록 하라고 권한다. 하지만 아이를 먼저 키워본 엄마라면 알 것이다, 이 또한 그리 쉬운 일이 아니라는 것을.

요즘 교과서는 그림이나 만화를 겸해서 재미있게 구성되어 있다. 부모들이 자라던 시절의 수학책은 딱딱하고 그야말로 심플했지만 지금의 수학책은 스토리텔링으로 바뀌면서 연산만 나오지 않는다.

아이를 서점에 데리고 나가 책을 사서 읽듯이, 아이가 입학하기 전이나 학년이 올라가기 전에 교과서를 구입해 책처럼 보았으면 좋겠다. 아이가 별로 관심이 없다면 부모들이 보는 것도 좋다.

교과서는 학교에서 배우는 과목이 아니라 책이라는 사실을 알아야 한다. 아이들은 보던 책만, 좋아하는 책만 보려고 한다. 아이가 읽지 않을 수도 있다. 그렇더라도 아이에겐 부모가 있지 않은가.

책을 싫어하고 많이 읽지 않는 부모라도 자기 아이를 생각하면 달라진다. 아이를 생각하면서 교과서를 보면 최고의 집중력을 발휘하게 되고 머릿속에 쏙쏙 들어올 것이다.

아이가 무엇을 배우는지, 어떤 내용이 나오는지 살피다 보면 주위를 보던 눈이 달라진다.

일상생활을 하다가도, 서점에 가서도 눈에 보이기 시작한다. 다른 어떤 초등 교과서 설명서를 보기보다는 바로 교과서를 보라고 권한다. 그리고 이제부터 부모의 눈높이가 아니라 아이의 눈높이에 맞춰서 보도록 하자.

아이의 눈높이에서 듣고, 생각하고, 바라보며 공유한다면 최고의 학부모라고 할 수 있다.

올바른 숫자 쓰기 습관을 길러준다

바른자세로 공부하듯, 숫자나 글씨를 쓸 때도 처음부터 흘려 쓰지 않고 바르게 쓰는 습관을 들여야 한다. 처음에 잘못된 습관으로 숫자를 쓰기 시작하면 나중에 고치기 힘들기 때문이다.

2

숫자나 글씨를 쓸 때 가장 중요한 것은 처음과 끝의 굵기가 같아야 한다는 것이다.

성격이 급하면 처음 쓰는 부분은 굵은데 끝부분은 가늘어진다. 가늘어진다는 것은 손에 들어가는 힘이 약해졌다는 것

이다. 그러면 손이 잘 움직이게 되고 손이 위로 가거나 아래
로 내려가서 자칫 '3'으로 보일 수도 있다.

2 2

0부터 9까지의 수를 올바르게 쓰는 방법을 알아보자.

0은 시작과 끝이 잘 만나야 한다. 그러지 않으면 '6'으로 보
일 수도 있다. 아이들이 가장 많이 실수하는 부분이다.

1은 너무 예쁘게 쓰려고 하는 게 문제다.

1은 그냥 작대기 하나만 그리면 된다. 그러지 않고 예쁘게
쓰려고 하거나 빨리 쓰려고 하면 '2'나 '7'로 보일 수도 있기
때문이다.

‘2’는 끝부분이 아래로 처지면 ‘3’으로 보일 수도 있다.

‘3’은 실수가 조금 적은 편인데, 오히려 대충 빨리 쓰고 끝내려는 남자아이들이 끝까지 쓰지 않아서 ‘2’로 보이는 경우가 있다.

‘5’를 쓸 때도 실수가 많은 편이다. 5는 쓰는 순서에 따라 다르다. 5는 ‘5’를 먼저 써야 한다. ‘─’를 먼저 쓰면 ‘3’으로 보일 수 있기 때문이다.

6을 짧게 쓰면 ‘0’처럼 보인다.

7은 2획의 순서대로 적어야 한다.

7을 꾸미서, 그리고 1획으로 한 번에 쓰면 '9'나 '1'처럼 보일 수 있다.

8과 9는 아이들이 제일 쓰기 힘들어하는 숫자다. 많은 연습이 필요하다.

9를 쓸 때는 1획으로 한 번에 써야 하는데, 0과 1을 따로 2획으로 쓰는 경우가 있다.

0과 1이 조금만 벌어지게 되면 숫자의 단위가 커졌을 때 19를 쓰는데도 '101'처럼 보일 수 있다.

아이가 아무리 바르게 쓴다고 이야기해도 보는 사람이 못 알아보면 아무런 소용이 없다.

수학에서 숫자 쓰기는 기본 중에서도 기본이다.

숫자를 바르게 쓰지 못하면 저학년 때뿐만 아니라 고학년이 되어서도 오답이 아주 많이 나오게 된다. 계산하는 수가 크고 많은 만큼 숫자를 많이 써야 하고, 그중에 하나만 잘못 쓰거나 자신이 썼는데도 못 알아보고 잘못 계산하는 경우가 자주 발생한다. '아, 내가 아는 문제'라며 아쉬워한다.

　그러면서도 다음번에 또다시 같은 실수를 한다는 게 가장 큰 문제다. 처음에 숫자를 올바르게 쓰는 습관을 들이지 못해서 고학년이 되어서도 애를 먹는 것이다.

　힘든 문제를 어렵게 풀지 말고 아는 문제, 풀 수 있는 문제를 실수하지 않도록 해야 스트레스를 받지 않으면서 점수를 올릴 수 있다.

연산은 생활이다

연산이 없다면 수학을 논할 수 없듯이, 수학의 기본은 연산이다.

수학 문제는 기본 원리를 비롯해 최상위 문제, 서술형 문제, 스토리텔링 문제 등을 풀어야 하는데 연산에 자신이 없으면 좋은 성적을 거둘 수 없다. 그만큼 수학에서는 연산이 중요하다.

그렇다면 연산은 어떻게 공부해야 할까?

먼저 수의 개념부터 알아야 한다.

1(●)은 하나라고 해.

2(●●)는 둘이라고도 하지.

3(●●●)은 셋이라 하고,

4(●●●●)는 넷이라고 해.

5(●●●●●)는 다섯이라고 읽지.

1부터 5까지의 크기와 수를 정확히 알고 나면 6부터 9까지 알려준다. 6부터 9까지 셀 때는 연필로 그림을 하나하나 지워가면서 세도록 한다. 간혹 5가 넘어가는 수를 버거워하거나 헷갈려하는데, 너무 오랫동안 같은 문제를 되풀이하지 않도록 해야 한다. 자칫하면 수학이 어렵고 싫다고 느낄 수도 있기 때문이다.

다섯 개씩 끊어서 익히도록 해보자.

6은 5(●●●●●)와 1(●)이 만나는 수,

7은 5(●●●●●)와 2(●●)가 만나는 수이고

8은 5(●●●●●)와 3(●●●)이 만나는 수야.

9는 5(●●●●●)와 4(●●●●)가 만나는 수이고

마지막으로 5(●●●●●)와 5(●●●●●)가 만나 10이 되지.

1부터 10까지의 수를 익혔다면, 이제부터는 본격적으로 연산 문제에 들어가도 된다.

여러 가지 방법이 있지만, 교과서에 나오는 연산 문제부터 풀어보자. 왠지 조금 부족하다 싶으면 문제집을 활용하거나 엄마가 직접 문제를 만들어줄 수도 있다.

하루아침에 문제를 많이 푼다고 연산 능력이 갑자기 좋아지거나 빨라지지 않는다. 수의 개념을 생각하지 않고 주입식으로 답을 외워서 문제를 풀어서는 안 된다. 처음에는 하나에 하나를 더하면 둘이 된다고 수의 개념을 생각한다. 하지만 많은 문제를 반복적으로 풀게 되면 '아, 1+1은 2였지!'라고 생각하며 계산하는 수를 외워버린다. 그러다가 10이 넘어가는 경우 '11+1'을 계산하는 방법을 외워야 하는, 주입식 교육이 반복될 수도 있다.

서점에 가면 문제집이 다양하게 나와 있는데, 굳이 지금은 문제집을 구입하지 않아도 된다. 엄마가 즉석에서 쉽게 문제를 출제할 수 있다. 처음에는 5까지만, 다음에는 10까지 계산하도록 만들면 된다.

'0, 1, 2, 3, 4'로 다섯 개든 열 개든 덧셈 문제를 만들어라. 한동안 같은 문제를 내고 어느 정도 능숙해지면 아이와 약속한 문항 수만큼 가로셈과 세로셈을 넣어 문제를 낸다. 그리고 가로셈과 세로셈은 같은 문제이고 쉽게 할 수 있다고 알려줘라. 참고로, 문제집은 대부분 가로셈으로 나와 있다.

이제 5까지 수의 개념을 익혔으므로 '0, 1, 2, 3, 4'로 뺄셈 문제를 만들어라. 큰 수에서 작은 수를 빼면 된다. 능숙해지면 덧셈과 뺄셈을 정확히 파악하도록 문제를 섞어서 만든다. 뺄셈인데도 덧셈으로, 덧셈인데도 뺄셈으로 문제를 푸는 경우가 많기 때문이다. 학년이 올라가도 그런 경우가 아주 많다. 5까지의 작은 수를 통해 숫자에 대한 자신감을 심어줘야 하는 것이다.

그다음은 같은 방법으로 10까지의 덧셈부터 시작하라. 일의 자리의 덧셈과 뺄셈이 잘 연습되어 있으면 십의 자리도 어렵지 않게 계산할 수 있다. 십의 자리부터 문제를 내기가 힘이 들고 까다롭다고 여겨지면 교과서나 연산문제집으로 조금씩 시작해도 아이 혼자서 잘할 수 있다.

연산 문제는 날마다 조금씩 풀어보는 것이 좋다. 습관처럼.

단기간에 집중력을
높이는 방법

학교에서 내준 숙제가 있는데도 하루 종일 놀기만 하는 아이가 있다. 몇 문제만 풀다가 집중하지 못하고 딴짓을 하는 아이도 많다. 숙제부터 빨리 끝내버리고 놀면 좋겠는데, 아이는 그런 마음을 눈곱만큼도 몰라준다. 세월아 네월아 하는 아이를 보면 한숨만 나온다. 타고난 두뇌와 성향으로 집중력이 좋으면 부모로서 더 이상 바랄 게 없지만, 아이들이 어디 그러한가. 어느 부모나 한 번쯤은 이런 생각을 하지 않을까?

'집중력을 길러주는 방법이 없을까?'

'기억력이 좋아지는 방법은 없을까?'

'방법만 있다면 공부하는 데 도움이 될 것 같은데…….'

나 역시 똑같은 생각을 했다.

집중력을 높이는 4가지 방법

① 눈으로 탁구공 세기

위의 점들을 손가락으로 짚지 말고 눈으로만 세어보게 한
다. 간혹 두 줄이라고 '둘, 넷, 여섯, 여덟……' 하며 두 개씩 세
는 경우가 있다. 절대로 안 된다. 눈으로 세는 것은 집중력을
최대한 높이는 훈련이다.

한 번 더 눈으로 세어본다.

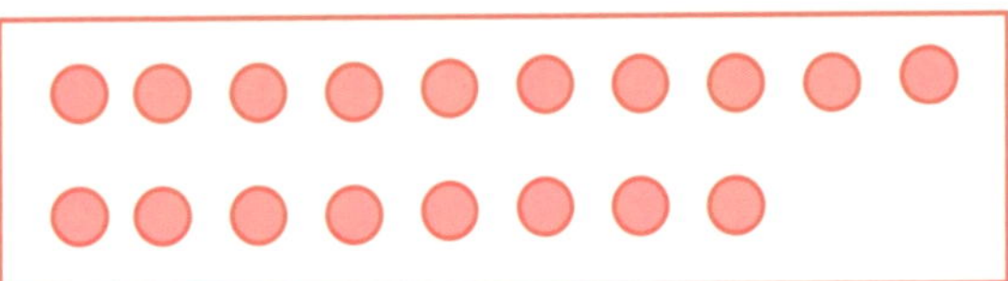

정답은 '열여덟 개'다. 과연 나는 몇 번 만에 성공했을까?
생각보다 쉽지 않다는 것을 알 수 있다.

위와 같이 많으면 아이가 처음부터 못하겠다고 포기할 수
도 있다. 그러면 작은 개수의 모양으로 연습하도록 하자.

특히 공부를 시작하기 전에 한 번만 눈으로 탁구공 세기를 하면 많은 도움을 받을 수 있다. 공부를 하다가 집중력이 떨어질 때도 기지개를 한 번 켜고 다시 한 번 해보자. 머리가 맑아지면서 새롭게 공부하는 느낌이 들 것이다.

② 단어 기억법

주제를 하나 정한 다음 연관된 단어를 생각한다.

오늘의 주제는 '수학'이다. 여섯 개의 단어를 떠올려보자.

| 덧셈 | 어렵다 | 학원 | 잔소리 | 숫자 | 회초리 |

위의 단어를 한 번씩 크게 읽어본다.

"덧셈, 어렵다, 학원, 잔소리, 숫자, 회초리."

그런 다음 단어들 중 하나를 지우고 그 자리에 선을 긋는다.

선을 그어 그 자리에 단어가 있었음을 암시하는 것이다.

| 덧셈 | 어렵다 | ― | 잔소리 | 숫자 | 회초리 |

선을 그을 때 "엄마는 무엇을 지웠을까?"라고 물어본다.

아이는 "학원"이라고 대답한 뒤 다시 한 번 읽어본다.

그와 동시에 읽는 단어 자리를 연필로 짚어준다.

"덧셈, 어렵다, 학원, 잔소리, 숫자, 회초리."

선을 그은 자리에는 단어가 없지만 그 자리에 '학원'이 있었다는 것을 기억하며 읽는 것이다.

다음은 또 다른 단어 하나를 지운다.

덧셈　　어렵다　　—　　잔소리　　—　　회초리

이번에는 '숫자'를 지웠다고 알려준 뒤 다시 한 번 읽어보라고 한다.

"덧셈, 어렵다, 학원, 잔소리, 숫자, 회초리."

위와 같은 방법으로 단어를 하나씩 지워가며 여섯 개가 모두 없어질 때까지 그 자리에 무슨 단어가 있었는지 기억하게 한다.

예전에도 이와 비슷한 놀이가 있었다.

바로 '시장에 가면'이다. 한 사람이 "시장에 가면 사과도 있고"라고 말하면 다음 사람은 처음 사람이 말한 단어를 기억하며 "시장에 가면 사과도 있고, 배추도 있고"라고 말한다. 또 다음 사람은 "시장에 가면 사과도 있고, 배추도 있고, 순대도 있고"라고 앞사람이 말한 단어를 계속 기억하며 이어가는 놀이다. 이런 식으로 '학교에 가면', '놀이공원에 가면', '우리 집에 가면' 등 제목을 다양하게 바꿔갈 수도 있다.

단어를 무조건 외우기만 하면 어렵다고 여겨지지만, 이런 방법으로 외우면 훨씬 더 재미있고 스트레스도 받지 않는다.

③ 순간 집중력 높이기

집 밖에 나가면 여기저기 자동차가 많다.

가장 먼저 가야 할 곳은 주차장이다.

그런데 자동차번호를 보면 여섯 개의 숫자, 즉 '12가3456'과 같이 구성되어 있다.

처음에는 앞에 있는 두 자릿수, 즉 '12'라고 읽는다.

그렇게 몇 차례를 연습한 뒤 아이와 손을 잡고 차가 다니는 도로 가로 나간다. 그러고는 위험하지 않은 장소에서 지나가는 자동차의 앞 번호 두 자릿수를 읽으면 된다. 주차되어 있는 차에서는 숫자만 읽으면 되지만, 순간적으로 지나가는 차의 번호를 읽으려면 고개를 쭉 내밀면서 순간 집중력을 발휘해야 한다. 생각보다 자동차들이 빨리 지나가서 읽기 힘들 수도 있다. 두 자릿수를 잘한다면 뒤에 있는 네 자릿수를 읽고, 그다음에는 수를 보고 덧셈을 한다. '12'라면 '1+2'가 되어 답은 '3'이 되는 식이다.

이 밖에도 숫자로 놀이와 공부를 함께할 수 있는 방법은 많다. 함께 놀면서 아이가 숫자와 친숙해지고 집중력을 높일 수 있다면 일석이조가 아닐까.

④ 청각 집중 방법

'청廳'은 소리를 듣는 것을 말한다. 소리를 통해 집중력을 키우는 방법이다.

짝짝이같이 소리가 나는 것이라면 무엇이든 상관없다.

먼저 아이에게 소리를 들려준다. 그러면서 아이와 함께 1부터 5까지의 수를 소리와 동시에 센 뒤 6부터는 소리를 내지 않고 속으로만 세어본다. 그래서 소리가 몇 번 났는지 알아맞히는 것이다.

처음에는 소리를 천천히 들려줘야 아이가 맞힐 수 있다. 어느 정도 익숙해졌다 싶으면 소리를 빠르게 들려주거나 많이 쳐서 숫자를 늘려주면 된다.

만약 소리를 낼 만한 게 마땅찮으면 북을 치는 채나 부엌에 있는 나무 주걱을 활용할 수 있다. 주위를 둘러보며 물건들을 살짝 두들겨보자. 책상부터 책, 변기 뚜껑, 냄비, 빨래 등 그 소리가 무척이나 다양하다. 그런 만큼 아이도 신기해한다.

짧은 시간에 아이의 집중력을 키우는 효과를 거둘 수 있을 것이다.

왜 한 번 더 확인해야 할까?

요즘 아이들은 시간에 쫓겨서인지, 생각하기가 싫어서인지 공부든 숙제든 빨리 끝내려고만 한다. 해야 할 것이 많아서인지, 아니면 귀찮아서인지 몰라도 대부분의 아이들이 그렇다.

부모는 아이를 보면서 '하는 일이 별로 없다, 공부하는 것도 많지 않다'고 한다. 반면에 아이는 놀 시간도 없다며 투정을 부린다.

빠르게 변화하는 사회에서 느리면 손해라고들 말한다. 하지만 공부만큼은 조금 다르다.

빨리 끝내는 데 초점을 맞추지 말고 조금 느리지만 정확하게 하는 습관을 들여야 한다. 요즘은 똑똑한 아이가 참 많다. 문제를 풀 때 몰라서 답이 틀리는 경우보다 알고 있는데 틀리는 경우가 아주 많다. 그래서 더 속상하다.

아이가 어려운 문제를 힘들게 풀어서 정답을 맞히지 않아도 우수한 성적을 거둘 수 있다. 아이가 풀 수 있는 문제를 틀리지 않도록 해주면 된다.

하루에 2~3페이지의 문제를 푸는 아이라면 1~2페이지로 분량을 줄이는 대신 한 번 더 풀어보도록 하면 어떠할까? 물론 아이는 다 알고 있는 문제라며 반복하지 않으려고 한다. 자기가 문제를 모두 맞혔다고 장담하기까지 한다. 왠지 한 대 쥐어박고 싶은 심정이다. 아이는 왜 그럴까?

처음부터 검산하는 습관이 몸에 배지 않은 아이는 다시 한 번 똑같은 문제를 풀고 싶어 하지 않는다. 검산을 하더라도 아이는 건성으로 대충 풀고 만다. 그러다 보니 별다른 효과도 없다.

아이가 공부를 시작할 때부터 오늘 정해놓은 문제 수만큼 푼 뒤 한 번 더 풀어보도록 해야 한다. 그러면 아이는 당연히 그렇게 문제를 풀어야 한다는 생각에 습관처럼 검산하게 된다.

오늘은 1~5번까지의 문제를 풀어야 한다면, 차례대로 한 문제씩 푼 뒤 다시 1번 문제부터 시작하는 방식이다. 한 문제를 곧바로 다시 반복해서는 안 된다. 알쏭달쏭한 문제가 나왔을 경우에는 다시 한 번 풀어도 되는데, 그래도 이해하지 못한다면 다음 문제를 넘어가는 게 낫다. 마지막 문제까지 풀고 나서 그 문제로 돌아와야 한다.

수학에는 연산 문제가 자주 나오는데, 같은 문제를 곧바로 한 번 더 풀면 또다시 오답이 나오는 경우가 많다. 따라서 정해놓은 수만큼 문제를 모두 푼 뒤에 다시 돌아오는 방법이 더 효과적이다.

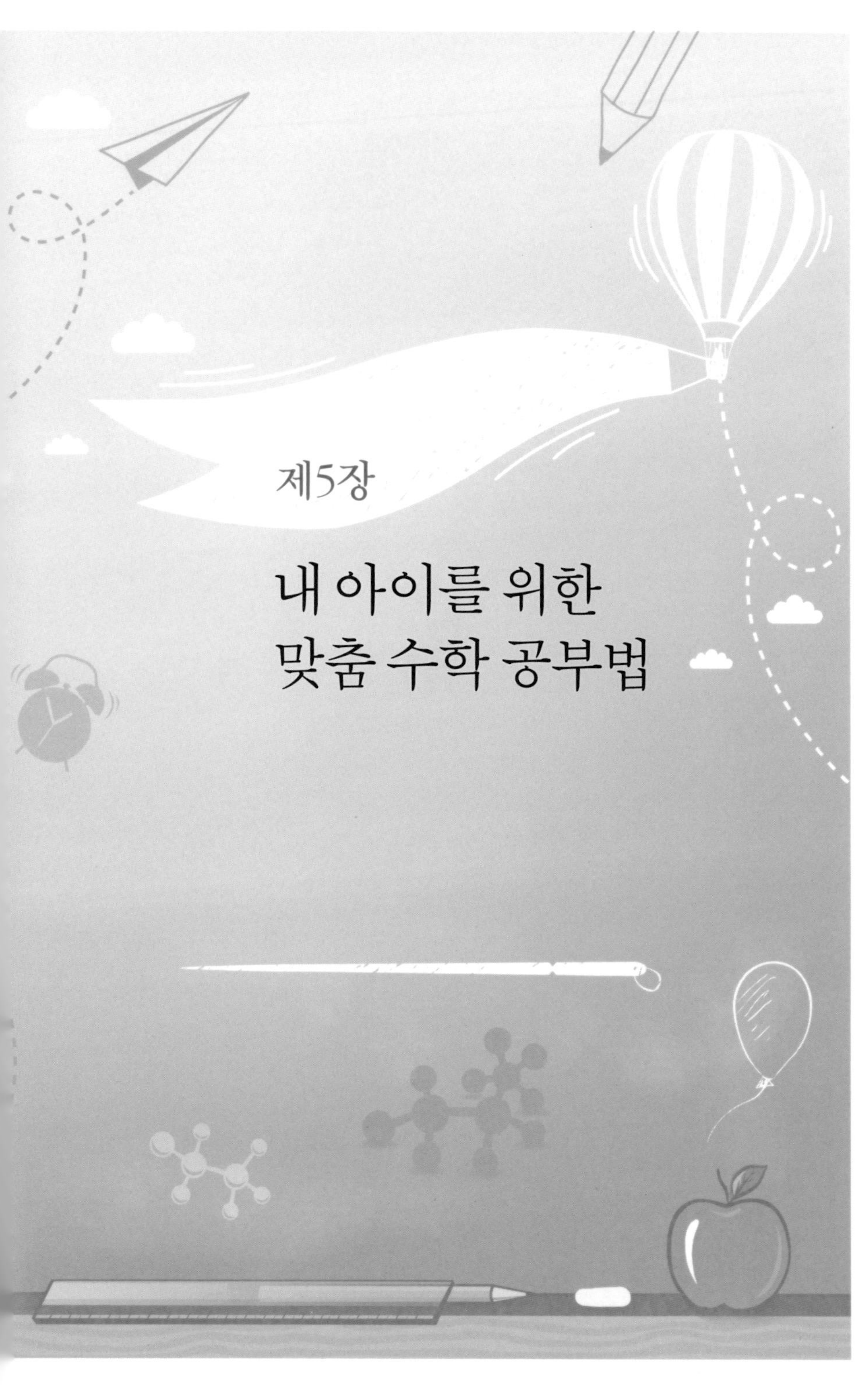

제5장

내 아이를 위한
맞춤 수학 공부법

수업 방식에 따라
공부 의욕이 달라진다

타고난 성격이 제각각인데다 생활환경도 모두 다른데, 왜 부모는 다른 아이가 어떻게 공부하고 무슨 학원에 다니는지 궁금해하고 신경 쓰는 걸까?

이제부터는 내 아이에게 맞는 교육 방법을 찾아보자.

공부 방법은 크게 세 가지로 나뉜다. 선생님과의 '일대일', '일 대 그룹', '일 대 다수' 수업이 있다.

• 일대일 선생님과 단둘이 공부한다. 일종의 과외다.

• 일 대 그룹 선생님과 2~5명이 함께 공부한다.

• 일 대 다수 학교나 학원처럼 선생님과 많은 학생이 공부한다.

공부 방법에 따른 장단점

	장점	단점
일대일	• 잘하는 것과 못하는 것을 곧바로 알 수 있다. • 진도가 빠르다. • 수준별 학습이 가능하다.	• 지루할 수 있다. • 교육비 부담이 크다.
일 대 그룹	• 경쟁심을 유발한다.	• 실력 차이가 크면 힘들어진다. • 시간을 맞추기 힘들다.
일 대 다수	• 경제적이다. • 커리큘럼이 다양하다.	• 잘하는지 못하는지 알기 힘들다. • 시간을 때우거나, 친구를 쫓아 다니기 쉽다. • 일대일 수준별 학습이 어렵다.

'일대일' 수업에서는 아이가 잘하는 것과 못하는 것을 곧바로 알 수 있고, 진도가 아주 빠르다. 그러다 보니 아이가 조금 힘들어하거나 지루해할 수 있다. '일대일' 수업은 보통 엄마가 일방적으로 선택한다. 공부에 대한 욕심이 많고 경쟁력이 있는 아이나 학습 능력이 조금 뒤떨어지는 아이를 둔 엄마가 일대일 수업을 선호하는데, 교육비가 부담스러울 수 있다.

'일 대 그룹' 수업은 또래나 형제가 모여 진행하게 된다. 그런데 수업 시간을 맞추기가 생각보다 쉽지 않다. 부모는 함께 공부하는 아이들과 자기 아이의 실력이 얼마나 차이 나는지 빨리 듣고 파악할 수 있다. 또한 부모들의 공부에 대한 교육관이 서로 달라서 아이가 오래도록 함께 수업하기 힘들 수 있다. 하지만 수업을 빨리 진행할 수 있고, 아이들의 집중력이 떨어질 때는 함께 놀이를 하면서 수업을 재미있게 이끌어 나갈 수 있다. 한 가지 재미있는 점은, 또래들과 같이 시작하므로 보이지 않는 경쟁심을 유발한다는 것이다. 선생님이 말하지 않아도 아이들 스스로 누가 공부를 잘하고, 누가 숙제를 잘하는지 빠르게 느낀다.

마지막으로, '일 대 다수' 수업은 경제적인 부담이 적다. 아이 자신이 공부에 대한 의욕이 넘치면 가장 효과적인 공부 방법이 될 수 있다. 반면 아이의 목표가 뚜렷하지 않다면 별다른 효과를 거두기 힘들다. 선생님은 한 명이고 아이들은 많아서 일일이 물어보고 이해했는지 확인할 수 없기 때문이다. 몸은 책상 앞에 앉아 있지만 머릿속은 딴 세상에 가 있는 아이가 많다.

아이가 무엇을 잘하는지 몰라서 다양하게 경험하도록 해주고 싶다면 '일 대 다수' 방과 후 수업이나 문화센터 등을 활용할 수 있다.

엄마와 함께 공부하는 것도 '일대일' 수업이다. 아이가 공부에 흥미를 느끼지 못하는데도 꼭 시켜야 하거나, 유달리 말이나 질문이 많은 경우에도 '일대일' 수업이 효과적이다. 아이가 선생님을 통해 궁금증을 곧바로 해결하면 자신의 것으로 만들게 된다. 그러지 못하거나 메모하는 습관마저 없다면 아는 것이 줄어들 뿐만 아니라 질문도 자꾸 줄어들면서 창의력이 떨어질 수밖에 없다.

친구가 좋아서 함께 모여 공부하고 싶어 하는 아이도 있다. 물론 그런 경우에는 '일 대 그룹' 수업을 선택해야 한다. 하지만 친구와 장난치길 좋아하는 아이들은 절대로 같이 수업을 해서는 안 된다. 제대로 집중하지 않을 뿐더러 학습에 대한 흥미가 더욱 떨어지고 수업을 받는 자세도 나빠진다.

어떤 문제집을 골라야 할까?

가끔 어떤 문제집이 가장 좋은지 물어보는 엄마가 있다.

한마디로, 가장 좋은 문제집은 없다. 문제집의 형태가 엇비슷하기 때문이다. 다만 아이에게 맞는 문제집을 선택해야 한다.

문제집은 교과서를 기본으로 구성되어 있는데, '기본 → 실력 → 심화' 순이다. 또는 '기본'과 '실력'을 섞어놓은 문제집도 있다.

아이가 학습지로 공부하거나 학원에 다닌다면 선생님이 직접 문제집을 골라준다. 그런데 아이에 따라 문제를 풀게 하지 않고 출판사의 단계별 문제를 풀게 하는 경우가 많다.

간혹 주변에 공부를 잘하는 아이(엄친아)의 엄마에게 물어보고 똑같은 문제집을 선택하는 경우가 있다. 정말로 권하고 싶지 않은 방법이다. 공부를 잘하는 아이와 똑같은 문제집을 고른다고 내 아이가 공부를 잘할 수 있는 건 아니다.

그런데 아이의 이해력이 뒤떨어진다면 어떻게 해야 할까? 아이는 똑같은 문제를 반복해서 풀어야 자신의 것으로 이해한다. 학교에서 배우는 교과서를 구입한 다음 집에서 예습하면 효과적이다. 학교에서 열심히 배우고 복습해도 문제를 이해하지 못하면 아이는 멍하니 앉아 있을 수밖에 없다. 수업 시간에 발표할 기회도 없고 집중력도 크게 떨어진다. 하지만 예습을 하면 수업에 관심과 흥미가 생긴다. 두 번 듣는 것이므로 더 빨리 이해되고 발표 기회도 주어진다.

이해력은 뒤처지지 않는데 연산 능력이 부족하다는 생각이 들면 방학 때를 적극 이용하자. 서점에 가면 학년에 맞는 연산문제집이 있다. 새 학기는 3월(1학기)과 9월(2학기)에 시작된다. 방학 동안 아이에게 학년에 맞는 연산 문제만 연습시키고 3월과 9월부터 학교 진도에 맞춰 수학문제집을 공부하는 것이 좋다.

수학을 아주 잘하는 아이에게 조금 어려운 문제집을 선택하는 경우가 있다. 끈기가 있어서 잘 적응하면 다행이다. 하지만 아이가 아직 배우지도 않은 문제를 접하면 시간이 오래

<h1 style="text-align:center">연산문제집</h1>

기탄교육	www.gitan.co.kr	기탄수학	기탄수학과 기탄큰수학으로 나뉘고 내용상의 차이는 없다. 책 판형과 글씨가 큰 기탄큰수학은 취학 전 아이에게 적합하다.
오픈북	www.obook.kr	5분 수학	하루를 준비하는 매일 아침 5분 문제 풀기
		10분 수학	내가 스스로 하는 나의 하루
매스티안	www.mathtian.com	팩토	사고력을 키우는 팩토 연산
길벗스쿨	http://school.gilbut.co.kr	기적의 계산법	유아·초등 단계별 연산
메가북스	www.megabooks.co.kr	메가 계산력	초등 단계별 연산
천재교육	www.chunjae.co.kr	해법 기초계산	단계별 연산, 단원별 구성
디딤돌	www.didimdol.co.kr	감각연산	감각이 열리는 연산
좋은책 신사고	www.sinsago.co.kr	쎈연산	학년별 초등 연산
애플비	www.applebeebook.com	날마다 10분 계산력	학년별 매일 10분 연산
NE -매쓰큐브	www.nemathcube.co.kr	사고셈	하루 30분 조각연산법의 기적

<h1 align="center">수학문제집</h1>

출판사	사이트	문제집	특징
천재교육	www.chunjae.co.kr	개념 클릭	교과 기본 문제
		해법수학	
		셀파	단권(실력 문제), 시험 대비
		우등생 해법수학	교과서+단원평가, 심화 문제
		개념(개념 뿌리뽑기) → 원리(ACE 해법수학) → 실력(BEST 해법수학) → 심화(CHALLENGE 해법수학)	
비상교육	www.visang.com	완자 수학	기본 – 실력 – 응용
		개념유형	진도+복습+시험 대비
좋은책 신사고	www.sinsago.co.kr	쎈	단권
		우공비	교과+시험 대비
동아출판	www.dongapublishing.com	큐브 수학	교과+수학익힘
		백점맞는 수학	단권, 교과+계산력+시험 대비
		차이를 만드는 시간	교과+수행평가
EBS	www.ebs.co.kr primary.egs.co.kr	만점왕	교과+실전책
디딤돌	www.didimdol.co.kr	디딤돌 초등 수학	원리 – 기본 – 응용 교과+원리 탄탄
메가북스	www.megabooks.co.kr	개념 수학	단권 수학(3~6학년까지) 1~2학년 수학문제집은 없다.
시매쓰출판	www.cmath.co.kr	생각수학 1031	단권 문제
개념원리 수학연구소	www.imath.tv	쌩큐	교과+익힘
		RPM	교과+기출문제집

＊이 외에도 오답 잡는 문제집, 스토리텔링 통합문제집, 단원평가 문제집, 서술형평가 문제집, 문제 해결의 길잡이 등 다양한 문제집이 나와 있다.

걸릴 뿐만 아니라 오답이 나올 수밖에 없다. 그러다 보면 수학을 멀리하게 되므로 조심해야 한다.

아이가 수학을 좋아하지도 싫어하지도 않으면 가장 기본적인 문제집을 풀게 하자. 까다로운 문제를 계속 풀다 보면 수학 공부가 싫어진다. 반면 쉬운 문제를 풀면 진도가 빨리 나가고 점수도 잘 나오기 때문에 아이 스스로 수학을 잘한다고 생각하게 된다. 수학에 대한 자신감이 높아지고 자연스럽게 수학 공부에 재미를 붙인다.

다른 아이와 비교하며 과도하게 공부 욕심을 내다 보면 아이의 마음이 닫혀버릴 수 있다. 이제 첫발을 내디딘 만큼 조금만 천천히 가자. 다른 부모들의 사례를 들으며 따라할 필요는 없다.

지금 생각하고 있는 교육관이 흔들리지 않도록 해야 한다. 부모의 생각이 흐려지거나 혼란스러워지면 아이도 적응하기 힘들고 따라가지 못한다.

공부는 누가 먼저 시작했느냐가 중요하지 않다.

스토리텔링 수학에 익숙해져라

요즘 들어 왜 다들 '스토리텔링 수학'을 외치는가? 그래서일까, 국어·수학·영어 공부를 하면서 왠지 스토리텔링 수학을 따로 공부해야 할 것만 같다. 스토리텔링 수학은 꼭 해야 할까?

제일 중요한 것은 수학이 재미있어지게 만드는 것이다.

재미있는 과목은 아무리 어렵고 힘들어도 문제를 해결하려는 노력과 생각을 하게 된다. 싫어하는 과목은 아무리 재미있고 쉽게 만들어진 문제집이라도 손을 대기조차 싫다.

스토리텔링 수학은 말 그대로 '이야기 수학'이다. 수학의 개념을 실생활에서 아이의 눈높이에 맞춰 즐겁게 동화책을 보듯 이야기를 하고 생각하게 만들어준다. 딱딱한 수학에서 벗어나 즐겁고 재미있고 흥미롭게 공부하도록 해준다.

다시 한 번 말하자면, 스토리텔링 수학은 '10+10'이 아니라 '10+10'에 스토리를 얹어 이해하기 쉽도록 만든 것이다. '10+10 : 나는 손가락이 10개입니다. 그리고 발가락도 10개입니다. 나의 손가락과 발가락은 모두 몇 개일까요?'가 스토리텔링 수학이다.

단순한 '10+10'은 딱딱하고 재미없고 공부하기 싫고 힘이 든다면, 스토리텔링 수학은 숫자에 이야기를 만들어 아이의 호기심을 불러일으키고, 수학에 흥미를 갖도록 하며, 재미있는 수학으로 일상생활에서 응용할 수 있도록 만든 것이다. 연산만이 아닌 생각하는 힘을 기르는 수학으로 바꿔준다.

이런 스토리텔링 수학은 학교 선생님이나 수학 전문가들보다 아이를 키우는 엄마가 더 편하게 접근할 수 있다. 딱딱한 연산을 할머니가 옛날이야기를 하듯 천천히 설명해나가면 된다. 동화책을 보듯 엄마가 교과서를 보고 읽고 이야기해주자. 교과서를 한 번만 읽어보자. 그러면 어느 정도의 문제인지, 어떻게 응용하여 설명할 수 있는지 파악된다.

엄마는 준비해야 할 것이 많고, 공부해야 할 것이 많다고 생각하는 순간 부담스럽고 머리가 아파온다. 엄마가 편안하게 생각해야 아이도 편안하게 받아들인다. 엄마는 수학 전문가가 아니다.

스토리텔링은 기본적으로 읽기 능력과 이해력을 필요로 한다. 수학 역시 책을 읽지 않으면 아이가 앞으로 수학을 공부하면서 어렵게 느껴질 수 있다.

책을 읽지 않는 아이들은 수학이든 스토리텔링이든 흥미를 갖지 않는 경우가 많다. 생각하기를 싫어하기 때문이다. 교과서를 읽지 않고 문제집의 요점 정리만 보고 외우면 끝이라고 여기는 아이 역시 너무나 많다.

기존의 수학이나 사고력, 창의력, 스토리텔링, 서술형 문제 등 모든 수학은 교과서가 기본이라는 사실을 잊어서는 안 된다.

또 하나, 아주 중요한 것이 빠졌다.

'스토리텔링은 책만 읽으면 무조건 다 잘할 수 있다'라고 착각하면 안 된다.

앞에서도 말했다시피, 수학의 기본은 연산이다. 다양한 수학 문제들은 대부분 연산 위주로 되어 있다. 스토리텔링 문제를 읽고 생각하면 늦더라도 연산 답이 나온다. 지금 내 아이를 보라. 한자리에 오래 앉아 생각하고 있는가? 아이는 수학만 공부하지 않는다. 영어 단어 외우기에 피아노 연습, 학교와 학원에서 내준 숙제 등을 하느라 정말 바쁘다. 스토리텔링 문제는 기존의 문제보다 길다. 한 문제를 풀려면 깊이 생각하며 이해하고 연산까지 해야 한다.

잊지 말자. 스토리텔링 문제가 아무리 쉽고 재미있어도 모든 아이가 좋아하지는 않는다. 하지만 책을 잘 읽고 연산을 할 줄 알면 절대로 수학을 싫어할 리 없다.

이제 한 문제의 결과는 중요하지 않다. 수학의 개념을 알고 원리를 이해한 다음 문제를 풀어가는 과정을 서술하는 것이 중요하다.

모든 공부는 대화에서 시작된다

단독주택에 살고 있는 우리 집 주변에는 초등학생이 많다. 얼굴을 자주 볼 수는 없는데, 가끔 아이들이 너무 바쁘게 다니는 것 같아서 안쓰럽다. "이제 다 끝나고 집에 가는 거야?"라고 물어보면 집에 들렀다가 곧바로 학원에 가야 한다고 말한다.

그래서 무슨 학원에 다니느냐고 묻자 이렇게 대답했다.

"엄마한테 물어봐야 해요."

어이가 없었다. 동네에서 공부를 잘한다는 아이인데도 자신이 어디에 무엇을 공부하러 다니는지 모르는 것이었다.

집에서 공부하든 학원에 다니든, 아이의 생각을 꼭 물어봐야 한다.

"너, 영어 배워야 해! 영어를 배우면 좋은 대학에 갈 수 있어. 그러니까 학원에 다니자"라고 말하지 말고 거짓말을 조금 보태더라도 상황을 설명하여 아이에게 배워야 하는 목적을 이야기해보자.

"엄마가 지하철을 타려고 걸어가고 있는데, 어떤 외국인이 길을 물어보는 거야. 그것도 영어로. 엄마는 대답을 못했어. 조금 창피했어. 그런데 그 외국인이 내 옆에 있는 사람에게 영어로 물어보는데, 그 사람은 영어로 대답을 해주는 거야. 깜짝 놀랐어. 근데 엄마 눈에는 그 사람이 정말 멋져 보이더라. 나중에 성정이가 영어를 잘하게 되면 같이 여행 가서 배고프면 밥을 달라고 하고, 사고 싶은 것이 있으면 사고, 좋은 곳이 있으면 찾아서 가보는 게 엄마의 바람이야. 그래서 엄마는 성정이가 영어를 꼭 배웠으면 해!"

아이와 영어 공부를 하기로 결정했으면 약속을 정해야 한다.

약속 하나! 이왕 공부하기로 했으니까 숙제는 꼭 할 것.

둘! 무슨 공부를 하든 재미있는 것도 있고, 힘든 것도 있고, 어려운 것도 있고, 좋아하는 것도 있듯이 조금만 참고 이겨낼 것.

무조건적으로 엄마의 생각만 밀어붙이지 말고 아이의 생각을 읽어보려고 노력해야 한다. 정말 하기 싫은데 지금 아이가 배울 준비가 되어 있지 않고 공부를 하겠다는 의지도 없다면 어떠할까?

일단 아이도 힘들고 엄마도 고달프다. 다른 아이보다 학습 기간이 길어지고 교육비도 많이 든다. 항상 힘들어하고 스트레스를 받다 보니 모든 일을 의욕적으로 하지 않는다. 밝게 웃는 아이의 표정이 사라질 수도 있다.

성격이 밝고 긍정적인 생각을 하는 아이가 되기를 원한다면 남들보다 빨리 시작하고 빨리 배우게 하지 말고 아이가 원할 때 시켜야 한다.

학습 목표는 짧고 명확하게!

학생이라면, 또는 학부모라면 가장 관심 있는 것이 무엇일까?

이것저것 아무리 다양한 것을 떠올려봐도 공부보다 더 큰 관심거리는 없다.

공부를 잘한다는 아이들의 이야기를 듣다 보면 다양한 경험과 노하우가 있음을 알게 된다. 그중 공통되는 점이 있다.

무슨 공부든 자신만의 방식이 있겠지만, 가장 중요한 것은 지금 무엇을 공부하고 있는지 스스로 알아야 한다는 점이다.

책을 보면 국어책인지, 수학책인지, 영어책인지 알아야 한다. 수학책이라면 덧셈을 배우는지, 뺄셈을 배우는지, 곱셈을 배우는지 알아야 한다. 단순히 덧셈을 배운다고 끝나지는 않는다. 덧셈에서도 다양한 계산 방법을 찾는지, 식을 세우는 지, □값을 구하는지……. 대단원과 소단원의 제목을 보며 지금 무엇을 배우려 하는지 알고 있어야 한다.

공부할 때뿐만 아니라 나이가 들어가면서도 자주 들었던 말들 중 하나는 '기본에 충실하라'는 것이다.

우리 속담에 '수박 겉핥기'라는 말이 있다. 수박의 맛있는 속은 먹지도 않고 딱딱하고 맛없는 겉만 핥고 있는 것처럼, 내용은 모른 채 겉만 건드린다는 것이다. 기본적으로 꼭 알아야 하는 것을 놓친다면 아무리 노력하더라도 깊이 있는 공부를 할 수 없고, 오래도록 기억할 수 없으며, 문제를 풀더라도 이해하지 못한 채 주입식으로 익히게 된다.

덧셈을 배운다면 그 방법을 알아야 다양한 응용 문제를 풀 수 있다. 덧셈을 알아야 다른 문제를 풀더라도 정답률이 높아진다.

공부를 할 때는 제목부터 시작해 목차와 소제목을 꼭 읽어야 한다. 그래야만 무엇을 공부하고, 무엇을 꼭 알아야 한다는 학습 목표가 생겨서 좀 더 깊이 있는 공부를 할 수 있다.

일일 학습량은
한두 번 풀어본 뒤에 정한다

문제집을 구입해보면 대부분은 앞부분에 일일 진도표를 만들어놓았다. 물론 자기주도학습에 도움이 되는데, 진도표대로만 소화한다면 얼마나 좋겠는가. 부모와 아이가 같이 잘한다면야 금상첨화다. 하지만 부모 마음처럼 아이가 따라주지 않고 문제 풀이 시간이 예상보다 길고 너무 힘들어하면 갈등이 생기게 마련이다.

보통 문제집은 학교 수업이나 학기에 맞춰 일일 학습량을 정한다. 그런데 아이들이 모두 똑같을 수는 없다. 수학을 좋아하는 아이도 있고 싫어하는 아이도 있다. 연산하는 속도가 빠른 아이도 있고 느린 아이도 있다. 잠시도 가만히 앉아 있지 못하는 아이도 있고 집중력이 뛰어난 아이도 있다. 이런 아이들이 똑같은 양의 문제를 풀 수 있는 건 아니다. 힘들어하는 아이를 붙잡고 오늘의 학습 목표량을 채운다고 아이가 좋아하거나 성취감을 느낄까? 오히려 내일 또 어떡하나 싶은 걱정에 수학 공부 시간을 두려워하며 떨고 있을지도 모른다. 이런 식으로 아이에게 수학에 대한 거부감을 심어주지 말자.

수학문제집은 보통 난이도가 낮은 문제들이 앞부분에 나온다. 아이가 문제를 얼마나 빨리 푸는지 살펴보아야 한다. 시간을 측정하면서 어느 시점에서 집중력이 떨어지는지 등 아이의 상태를 면밀히 관찰하는 것이다. 정해진 시간에 몇 문제를 풀었는지 등을 체크한 다음 아이에게 꼭 이야기해준다. 그러면서 다음 날 풀어야 할 문제의 양을 결정한다. "어제 세 쪽을 풀었는데, 힘들진 않았니? 어땠어?"라고 물어본 뒤 아이의 대답에 따라 문제의 양을 조절해줘야 한다. 아이가 힘들어하거나 지루해하지 않을 정도로.

간혹 아이의 집중력이 떨어지는 것을 어떻게 알 수 있느냐고 묻는 경우가 있다. 아이를 가만히 지켜보면 알 수 있다. 집중력이 떨어지면 아이는 엉덩이를 드는 등 움직임이 늘어나거나 쓸데없는 질문을 자주 하고, 문제집 외의 다른 곳을 쳐다본다.

참고로, 문제집을 많이 풀게 하는 학원에 아이를 보내지는 마라. 어쩌면 성적이 빨리 오를지도 모르지만 장기적으로는 권하고 싶지 않다. 수학은 지금 당장 많은 문제를 풀고 끝내는 것이 아니다. 중고등학교로 진학해야 하는 아이에게 수학이 질리는 과목이 되어서는 안 된다.

채점은 센스 있게!

부모는 별것 아니라고 생각하는데, 아이는 그것 때문에 상처를 받거나 자신감이 떨어진다. 그게 무슨 말이냐고 반문할지도 모르겠다.

아이가 문제를 풀거나 시험을 보게 되면 'ㅇ'나 '×'나 '/'로 표시하며 점수를 매긴다. 그런데 지금은 아이의 점수에 너무 신경 쓰지 않아도 된다. 아이가 학교에서 배운 내용을 잘 이해하고 알고 있느냐가 더 중요하다.

물론 출제된 문항을 모두 맞히면 아이의 기를 살려주기 위해서라도 '100점'이라는 글씨를 크고 선명하게 써줘야 한다. 하지만 매번 성적이 완벽할 수 없는데다 실수도 저지르기 때문에 모든 문제를 맞히지 못했다면 굳이 점수를 써줄 필요가 없다.

채점을 할 때는, 답을 맞혔으면 'ㅇ'를 표시하는 게 당연하다.

문제는 답을 틀렸을 경우인데, '×'보다 ' / '로 표시하는 게 더 낫다. '×'로 채점하면 틀린 부분이 강조되어 아이의 기분이 더 나빠진다고 한다. 따라서 틀린 문항이 많지 않으면 ' / '로 표시한다.

그렇다면 문제 풀이를 어려워하는 아이에게는 어떻게 해야 할까? 시험지에 ' / '가 많으면 아이는 '난 정말 공부를 못하나 봐'라고 생각하게 된다. 자신감이 크게 떨어진다. 틀린 문제가 많다면 ' / '로 표시하지 말고 다음 문제로 넘어가 채점한다. 그러고는 틀린 문제를 다시 풀어서 맞혔을 때 'ㅇ'를 표시해준다. 그러면 문제집을 다시 펴보았을 때 ' / '보다 'ㅇ'가 더 많기 때문에 학습 의지가 크게 떨어지지 않는다.

간혹 ' / '로 표시했다가 다시 풀어서 맞히면 '△'로 바꿔주는데, 별다른 의미는 없다. 아이는 ' / '나 '△'가 틀린 문제였다고 바로 알아차리기 때문이다.

'ㅇ'가 많으면 기가 살고 ' / '가 많으면 기가 죽는다. 공부하기가 싫어진다. 아이의 입장에서 한번 생각해보자.

실수를 줄이는 것이 실력이다

수학 공부를 할 때 실수가 많다고 반복적으로 문제를 풀어보는 것은 좋지 않다. 풀이한 횟수가 정확도를 높여주지는 않기 때문이다. 지루한 반복 학습은 수학에 대한 흥미마저 떨어뜨릴 수 있다.

실수가 잦은 경우에는 그 원인과 유형부터 파악하자. 그런 다음 한 문제라도 정확히 풀어야 한다.

많은 과목을 공부해야 한다면서 문제를 더 빨리 풀라고 다그쳐서는 안 된다. 이 문제를 왜 틀렸는지 아는 것이 중요하다.

쉬운 문제는 당연히 할 수 있다고 생각하면서 난이도가 높은 문제의 학습량만 늘린다고 점수가 잘 나오지는 않는다. 중고등학교에서는 난이도에 따라 한 문제의 점수가 다를 수 있다. 초등학교에서도 그런 경우가 있지만, 대부분은 100점을 기준으로 어렵든 그렇지 않든 한 문제의 점수를 똑같이 매긴다. 어려운 문제를 힘들게 풀어도 4~5점이고, 쉬운 문제를 맞혀도 4~5점으로 계산한다.

간혹 수학을 잘하면서 꼭 한두 문제에서 실수하는 아이가 있다. 어려운 문제는 맞혀놓고 기본적인 문제를 틀려 속상해하는 아이를 많이 보았다.

문제를 집중해서 읽고, 무엇을 묻는지 확인한 뒤 답을 쓰도록 해야 한다.

그리고 더 중요한 것은 기본에 충실하는 것이다. 다양한 문제를 풀면서 어려운 문제에 매달려 아이를 힘들게 하지 말고 쉬운 문제라도 실수하지 않고 정확히 푸는 것이 더 낫다.

서술형 문제는 '보기'를 활용한다

다양한 유형의 문제를 풀면서 아이들이 제일 싫어하는 것은 '서술형 문제'다. 이제 겨우 받아쓰기를 하는데, 수학에서는 이유를 설명하라는 서술형 문제가 나온다. 아이에게 쉽지 않다.

문제에 익숙해지는 건 좋지만 서술형 문제가 너무 일찍 나오는 게 아닐까? 하지만 어쩌겠는가, 하기 싫어도 해야지. 이겨내야 한다.

아이가 서술형에 유독 약하거나, 그런 유형의 문제가 나오면 읽기도 전에 모르겠다고 말하거나 쉽게 포기하는 경우가 생각보다 많다.

그런데 문제집을 살펴보면 '보기'가 나와 있는 서술형 문제도 있다. 대부분 숫자만 바꿔 답을 쓰게 되어 있다. 보고 베끼는 게 무슨 의미가 있겠냐고 말할지도 모르지만, 서술형 문제에 거부감을 갖고 아예 포기하는 것보다는 낫다.

'보기'를 보면서 스스로 생각해 답을 쓸 수 있으니 나쁘다고 말할 수는 없다. 대신 아이가 쓴 답을 두세 번 꼭 읽어보도록 해야 한다.

어떤 유형의 문제든 간에 아이가 스스로 터득해야 한다. '보기'가 나와 있는 문제에 익숙해지거나 서술형 답안을 쓰는 요령이 생기면 '보기' 없이 답을 쓸 수 있도록 하는 것이다.

어떤 아이가
수학 시간을 기다릴까?

가족 여행을 떠나든, 학교에서 체험 학습을 하면 아이들은 마음이 설렌다. 빨리 가고 싶고, 기대감에 부풀어 기다려진다. 미리 계획을 세우고 준비하면서 무척 즐거워한다.

가끔 여행 관련 기사를 보면 가족 여행을 떠나기 전에 시간을 길게 잡으라고 한다. 행복함과 기대감은 여행지에서보다 여행을 떠나기 전에 더 크게 느낀다.

매일 책가방은커녕 준비물조차 빠뜨리기 일쑤인 아이가 체험 학습을 떠나는 날에는 가방을 꼼꼼히 챙긴다. 엄마가 몇 번을 깨워야 겨우 일어나던 아이가 아침 일찍부터 혼자 일어나 씻는다. 그런 모습이 왠지 낯설어 보인다.

학교생활이나 수업 시간도 마찬가지다.

예를 들어 학교 준비물이 '신문지 다섯 장 챙겨오기'라고 해보자.

첫 번째 아이는 신문지를 가져오지 않았다.

두 번째 아이는 신문지 다섯 장을 가지고 왔다.

세 번째 아이는 신문지 열 장을 챙겨와 준비물을 깜빡한 친구에게 주려고 한다.

이들 중에 학교에 빨리 가고 싶어 하고, 선생님을 빨리 만나고 싶어 하는 아이는 누구일까?

첫 번째 아이는 준비물을 챙겨오지 못해서 혼날지도 모른다는 생각에 불안해할 것이다. 두 번째 아이는 편안한 마음으로 등교할 것이다. 세 번째 아이는 친구에게 줄 수도 있고, 그러면 선생님에게 칭찬을 받을지도 모른다는 기대감에 부풀어 있을 것이다.

셋 중에 학교 가는 길이 즐겁고, 오늘 학교생활에 대한 기대감이 가장 큰 아이는 당연히 세 번째 아이다.

미리 꼼꼼히 준비하는 아이는 언제나 당당하고 그 시간이 기다려진다. 수학 공부 또한 마찬가지다.

우리 주변에서 네모·세모·원 모양을 각각 다섯 가지씩 찾아오라는 수학 숙제가 있다고 해보자.

첫 번째 아이는 깜빡하고 숙제를 못했다.

두 번째 아이는 딱 다섯 개씩 찾았다.

세 번째 아이는 부모와 함께 다섯 개씩 찾아 사진을 찍은 뒤 프린터로 인쇄해 숙제장에 붙였다.

이 셋 중에서 수학 시간을 간절히 기다리는 아이는 누구일까?

당연히 세 번째 아이다. 직접 생각하고 사진을 찍어 인쇄하면서 하나하나 준비했기 때문에 수업 시간에 자신 있게 발표할 것이다. 선생님이 칭찬을 안 해줄 수가 없고, 친구들에게 박수를 받을 수도 있다.

수업 시간이 기다려지는 아이가 대충 공부하고 선생님 말씀에 귀를 기울이지 않고 딴짓을 할까? 아이는 선생님만 뚫어져라 쳐다보며 수업에 빠져들 것이다. 아이에게 최고의 수업이 될 것이고, 수업 시간이 즐거워지며, 선생님이 말씀하신 내용이 머릿속에 차곡차곡 쌓일 것이다.

학습에 전력을 다하는 것도 물론 중요하지만, 아이와 함께 준비하고 다양한 의견을 주고받아야 한다. 그러면 색다른 두뇌 계발이나 영재교육보다 훨씬 더 좋은 창의력을 길러줄 수 있다.

언제 복습해야 할까?

학교든 학원이든, 과제는 있게 마련이다.

학교 숙제는 매일 해야 한다. 그리고 학교마다 조금씩 다르 겠지만, 일기와 독서록은 매일이 아니라 요일별로 제출하는 날이 정해져 있다.

요즘은 예습보다 복습을 더 중요시한다.

복습을 하는 데도 방법은 있다. 언제 하느냐에 따라 그 효 과가 조금씩 다르다.

제일 중요한 것은 복습을 할 때 아이가 좋아하는 과목과 싫 어하는 과목을 구분해야 한다는 것이다.

먼저, 아이가 좋아하는 과목을 복습하는 경우에는 어떻게 해야 할까? 아이는 학교에서 수업 시간 중에 선생님 말씀을 귀 기울여 들었을 테고, 성적도 좋고 그 내용을 잘 이해했을 것이다. 그래서 숙제를 내준 날이나 다음 날에 시간을 정해 복습을 하면 된다. 부모가 특별히 신경 쓰지 않아도 아이는 스스로 숙제를 잘한다.

문제는, 아이가 싫어하는 과목을 어떻게 복습하느냐는 것이다. 아이는 수업 시간에 집중하지 않을 가능성이 높다. 싫어하는 과목이다 보니 수업이 흥미롭지 않고 재미없고 지루하다. 선생님의 말씀을 이해하더라도 오래 기억되지 않는다. 따라서 아이는 숙제를 내주는 그날 반드시 복습을 해야 한다.

아이가 집중해서 오래도록 기억한다면 모를까, 싫어하는 과목은 좋아하는 과목보다 집중력이 떨어진다. 같은 설명을 하더라도 오래 기억하기가 힘들다.

그렇다면 학교에서 배운 것을 몇 시간이 지난 뒤에 복습하면 더 잘 기억날까, 아니면 그다음 날 복습하면 더 잘 기억날까?

당연히 그날 당장이다. 아이가 힘들어하는 과목은 교과서 내용이나 문제를 반복하도록 해야 한다. 선생님이 중요하다고 설명해준 것은 그날 다시 한 번 정리해야 오랫동안 기억될 수 있다. 아이가 싫어하는 과목일수록 그날그날 복습하게 해야 한다.

수학책에 '나만의 비밀'을 만든다

성인과 마찬가지지만 아이들도 자기가 좋아하는 책, 오래도록 간직하고 싶은 책에는 자신의 이니셜이나 사인을 해서 내 것이라는 표시를 한다. 단, 절대로 낙서를 하거나 접으면 안 된다.

수학 공부를 할 때도 마찬가지다. 수학을 좋아해서 문제를 풀기도 하지만, 반복 학습인 경우도 많다. 그래서 학습 동기나 의욕을 높이기 위해 '나만의 비밀'을 만들어도 좋지 않을까?

첫 번째는 스티커를 활용하는 방법이다.

문제집에는 요점 정리와 함께 기본적인 문제가 나오는 페이지도 있고 난이도가 높거나 복잡한 문제, 서술형 문제 등이 나와 있는 페이지도 있다.

대부분의 아이들은 날마다 몇 장씩 문제를 풀고 있다. 부모는 그 옆에서 아이를 가만히 지켜본다. 한 페이지가 끝나면 아이는 잠깐 휴식을 취하고 부모는 채점을 한다. 채점을 하다 보면 한 페이지에 한 문항만 있는 경우도 있고 문항이 많은 경우도 있다. 그렇더라도 신경 쓰지 마라. 그 페이지에 있는 문항만 보고 결정한다.

아이가 문제를 푼 뒤 100점을 맞으면 상단에 큰 스티커를 붙여준다. 한 문제를 틀렸다면 다시 한 번 풀게 한 뒤 맞히면 똑같은 스티커를 붙여준다. 선생님이나 부모에게 묻지 않고 스스로 문제를 풀었다면 100점 맞은 페이지의 맨 위쪽에 커다란 스티커를 붙여준다. 선생님이나 부모가 도와주었다면 작은 스티커를 상단에 붙이고 문제를 설명하는 부분에도 스티커를 붙인다.

나중에 아이가 문제집을 보며 커다란 스티커는 자신이 혼자서 풀 수 있는 문제라 생각하고 작은 스티커는 조금 어려운 문제라 생각하면 된다.

그러고 나서 아이와 굳게 약속한다. 다른 사람이 물어보면 스티커의 의미를 절대로 알려주지 말자고, 둘만의 비밀 프로젝트라고. 서로 공감대를 형성할 뿐만 아니라 100점을 맞아야 스티커를 붙일 수 있으므로 아이는 문제를 빨리 풀게 된다. 곧바로 채점하므로 결과도 빨리 알 수 있다.

두 번째는 □□ 도장을 사용하는 것이다.

우리 집 아이들과 지인들이 사용하는 방법 중 하나인데, 문제집을 한 권 사서 같은 문제를 여러 번 푸는 것이다. 그러면 아무리 힘센 어른이 지우개로 지워도 답을 표시한 부분에 자국이 남는다. 그렇다고 일일이 복사를 할 수도 없기 때문에 도장을 사용한다.

문제집을 보면 번호 옆에 □ 도장을 찍는다. 문제집에 문제를 푸는 것이 아니라 번호 도장을 연습장에 찍은 뒤 문제집 옆에 놓고 번호 도장 옆에 답을 적는다. 답을 체크한 뒤에는 문제집에 있는 □ 도장 앞부분에 맞으면 '○', 틀리면 'V'로 표시한다. 두 번째 문제를 풀 때도 마찬가지다.

틀린 문제를 다시 풀 때는 문제집만 보면 어느 문제를 힘들어하는지 금방 알아볼 수 있다. 네모 칸에 '○'가 두 번 표시되어 있으면 아이가 아는 문제, 네모 칸에 '○'와 'V'가 한 번씩 표시되어 있으면 다시 한 번 풀어야 할 문제다. 그리고 'V'가 두 번 표시되어 있으면 아이가 힘들어하고 어려워하는 문제이므로 비슷한 문제를 반복적으로 연습해야 한다. 아이가 어떤 문제를 어려워하는지 금방 알 수 있기 때문에 시간이 절약된다.

번호 도장은 1부터 9까지, 다음은 0까지의 수를 한 번에 찍을 수 있다. 매번 문제를 풀 때마다 번호를 쓰기 힘들기 때문에 도장으로 만들어 사용했다.

다른 사람들이 문제집은 깨끗한데 네모 칸을 보며 이게 뭐냐고 묻기도 한다. 아이는 친구한테도 말해주지 않는다. 무슨 대단한 비밀인 양.

목표를 세워라, 기간은 짧게!

새해가 밝아올 때마다 사람들은 1년 계획을 세우게 된다. 하지만 작심삼일을 넘기지 못하고 물거품이 된 적이 한두 번이 아니다. 이렇게 어른들도 힘든데 아이들은 쉽겠는가.

계획은 눈으로 보고 할 수 있을 것 같은 기대감을 만들고 목표에 한 걸음 더 다가가는 과정을 느끼게끔 세워야 한다. 그래서 목표 기간은 아주 짧게 잡는다.

예전에는 아이들이 1주일 내내 학원에 다녔다. 하지만 요즘 아이들은 요일별로 다니는 학원이 다르다. 때문에 요일별로 갈 곳과 해야 할 과제가 거의 결정되어 있다.

그래서 학습 계획과 목표는 1주일이나 한 달, 또는 단원평가 시기, 학업성취도평가 시기를 기준으로 아이와 상의한 뒤 결정하게 된다.

아이들과 나는 맨 처음에 1주일간의 계획을 세워서 꼭 지킬 수 있는 양만큼 정했다. 매일 수학 문제를 풀되 그 양을 줄이고 모르거나 어려운 문제는 세 번씩 풀게 했다. 수학 문제는 10분도 안 되어 푸는 경우가 많았다.

목표를 세운 만큼 공약도 있어야 했다. 약속을 잘 지키는 주에는 아이들이 먹고 싶어 하는 것을 해주기로 마음먹었다. 그래봐야 치킨, 피자, 떡볶이였다.

한동안 재미있어 하더니 아이들이 간식 말고 다른 것으로 바꿔달라고 했다. 결국 문구점에서 사고 싶어 하는 것을 하나씩 사줘야 했다. 문구점에서 1000원도 안 되는 불량식품이 사 먹고 싶었던 모양이다. 맛있고 몸에 좋은 것도 많은데 왜 하필이면 불량식품을 먹고 싶어 하는지…… 헛웃음만 나왔다.

그러면서 서서히 문제 수를 늘려나갔다. 목표 기간이 짧으면 지키기도 수월하다. 기간을 조금씩 길게 늘려가면서 자기주도학습이 되도록 했다.

아이들이 지킬 수 있는 목표를 만들어 성취감을 맛보게 해야 한다.

계산기를 활용하는 것이 좋을까?

　얼마 전 수학 시간에 계산기를 사용할 수 있게 한다는 뉴스가 보도되었다. 그런데 계산기를 사용하면 수학을 포기하는 아이가 생기지 않을까? 어떤 부모는 이렇게 말한다.

　"잘됐네. 덧셈, 뺄셈을 하지 않아도 되고."

　"우리 아들 구구단 외우는 거 힘들어하는데……."

　"수학 문제 푸는 속도가 빨라지겠네."

　그럼 앞으로는 아이가 연산 공부를 하지 않아도 될까?

　절대 그렇지 않다.

　계산기는 덧셈, 뺄셈, 곱셈, 나눗셈의 답만 나온다.

　정확한 답이 아니라 과정이 중요한 수학에서 계산기를 사용하면 수의 개념과 크기를 더 쉽게 이해할까? 구구단을 외우지 않아도 계산기로 곱셈 문제를 풀 수야 있겠지만, 분수의 통분과 약분은 어떻게 할 것인가? 곱셈 문제에는 연산하는 방법도 나온다. 나눗셈에서는 나머지가 나온다. 소수의 나눗셈에서는 몫의 소수점과 나머지의 소수점 자리가 달라진다.

계산기에 의존해도 수의 개념과 크기를 모르면 절대 수학을 응용할 수 없다. 앞으로는 수의 개념이 약해지다 보니 주입식처럼 수학 문제 푸는 방법을 외워야 하지 않을까 걱정스럽다.

초등학교 1학기 교과서를 잠깐 살펴보자.

초등학교 수학 학년별 1학기 분석표

1학년	2학년	3학년	4학년	5학년	6학년
1. 9까지의 수	1. 세 자릿수	1. 덧셈과 뺄셈	1. 큰 수	1. 약수와 배수	1. 각기둥과 각뿔
2. 여러 가지 모양	2. 여러 가지 도형	2. 평면도형	2. 곱셈과 나눗셈	2. 직육면체	2. 분수의 나눗셈
3. 덧셈과 뺄셈	3. 덧셈과 뺄셈	3. 나눗셈	3. 각도와 삼각형	3. 약분과 통분	3. 소수의 나눗셈
4. 비교하기	4. 길이 재기	4. 곱셈	4. 분수의 덧셈과 뺄셈	4. 분수의 덧셈과 뺄셈	4. 비와 비율
5. 50까지의 수	5. 분류하기	5. 시간과 길이	5. 혼합계산	5. 다각형의 넓이	5. 원의 넓이
	6. 곱셈	6. 분수와 소수	6. 막대그래프	6. 분수의 곱셈	6. 직육면체의 겉넓이와 부피

■ 계산기를 많이 사용할 수 있는 단원　　■ 계산기를 일부분 사용할 수 있는 단원

1학년 1학기 수학에서 계산기를 사용하는 문제는 3단원인 '덧셈과 뺄셈'인데, '4+1=5'와 같은 한 자릿수 문제가 나온다. 이러한 문제에도 계산기를 허용해야 할까?

2학년 1학기 수학에서는 1단원 '세 자릿수'에서 '10, 20, 30……'과 같은 규칙적인 문제 몇 개가 나온다. 3단원 '덧셈과 뺄셈'에서 계산기를 사용할 수 있다. 6단원 '곱셈'은 구구단이다. 1~6단원 중에서 계산기를 제대로 활용하는 부분은 3단원이다.

3학년 1학기 수학에서는 1단원 '덧셈과 뺄셈'에서 계산기를 제대로 활용할 기회가 왔다. 백의 자리 덧뺄셈 문제가 아주 많이 나오는데, 문제를 푸는 데 시간이 걸리고 아이들이 힘들어하는 단원이다. 3단원과 4단원은 구구단만 알면 풀 수 있는 나눗셈과 곱셈 문제다.

4학년 1학기 수학에서는 2단원과 3단원에서 계산기를 활용할 수 있다.

5학년 1학기 수학에서는 5단원 '다각형의 넓이'에서 계산기를 사용하면 효과적이다.

6학년 1학기 수학에서는 5단원과 6단원에서 계산기를 많이 활용할 수 있으며, 소수의 나눗셈은 나머지와 소수점 때문에 여러 번 계산해야 한다.

계산을 하는 데 시간이 오래 걸리고 잘못 계산하는 경우도 있다. 그렇다고 연산 때문에 수학을 포기하지는 않는다. 수를 알고 문제를 이해해야 덧셈을 하고 뺄셈을 하고 응용을 할 수 있다.

앞으로 계산기를 많이 사용하더라도 수의 개념은 꼭 알아야 수학을 잘할 수 있다.

시간을 효율적으로 관리하는 습관

연예인도 아닌데 아이들은 하루 종일 학교와 학원을 오가며 바쁘게 지내고 있다. 어딜 가는지 묻지 않아도 알 것 같다.

늘 어깨가 축 처져 있는 모습이 안쓰러워 힘내라고 한번 안아주고 싶은 마음이 든다.

학교와 학원에 다녀온 뒤에도 아이들은 쉴 틈이 없다.

"이제 좀 쉬면 되겠다!"라고 말했다가 몰매 맞는 줄 알았다.

아이의 대답은 한숨과 동시에 아직도 해야 할 일이 많다고 한다.

"학교 숙제도 해야 하고, 피아노도 연습해야 하고, 영어 학원에서 내준 단어도 외워야 하고, 엄마가 시킨 문제집도 풀어야 하고……."

한 번도 쉰 적이 없다는 아이의 말에 나는 정말 할 일이 너무 많아 힘들다면 조금 줄여주겠다는 생각으로 초시계를 준비했다.

그리고 아이 옆에 딱 붙어서 시간을 재보았다.

학교 숙제부터 시작했다. 학교 숙제를 가지고 오면서 시작과 동시에 아이는 수학익힘 문제를 풀고 나는 초시계로 시간을 쟀다. 그런데 영어 단어를 외우는 데 시간이 조금 더 걸릴 뿐, 각각의 과제와 연습을 하는 데 10분을 넘기지 않았다.

다음 날은 아무 말도 하지 않고 아이가 하는 대로 가만히 내버려두었다.

책을 펴놓고 몇 자 적더니 화장실에도 가고 냉장고 문도 열어보고 딱지도 만지고 지우개로 장난도 치고……. 정말 기가 찬다. 옆에 있을 땐 잘하다가도 내버려두면 한두 쪽밖에 안 되는데도 언제 끝낼지 모르겠다. 이젠 아이가 아니라 내가 한숨이 나온다.

그래서 고민한 것이 '한 시간의 힘'이다.

아이가 과제를 최대한 빨리 끝내면 나머지 시간 동안 하고 싶은 것을 하게 만드는 것이다.

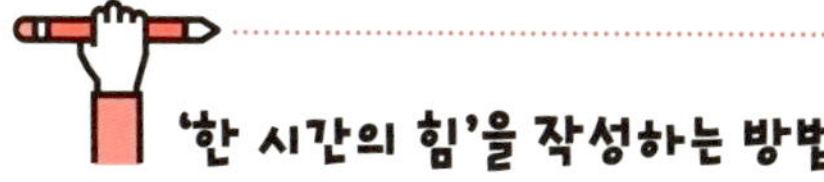

① 날짜를 적는다.

② 오늘의 할 일과 예상 시간을 적는다.

　–오늘 공부의 목표 시간을 정하면 집중력이 높아진다. 가능하
면 한 시간이 넘지 않도록 하라.

③ 오늘 해야 할 과목을 정한다.

　–학교 숙제, 영어 단어 외우기, 수학 문제 풀이 등 아이가 해야
할 과목을 적으면 된다.

④ 해야 할 과목의 맨 위부터 할 필요는 없다. 아이가 먼저 하고 싶
은 과목을 가지고 오면 과목 옆의 공란에 무엇을 하는지 적는
다. 어디부터 어디까지인지, 운동이라면 '줄넘기 50회'라고 적
은 뒤 초시계를 준비한다.

⑤ 초시계를 누름과 동시에 과제를 시작한다. 끝나면 바로 초시계
로 잰 시간을 적으면 된다. 그리고 다음 과목으로 넘어가 과제
를 모두 끝낸다.

⑥ 과제가 끝나면 오늘의 할 일 총계 시간을 적는다.

　–과제를 끝마치는 데 걸린 시간을 모두 더해서 적는다.

⑦ 오늘의 예상 시간 전에 과제를 끝냈다면 성공에 'ㅇ'를, 실패했
다면 'x'에 동그라미를 그린다.

⑧ 오늘 아이의 기분을 얼굴로 표현하게 한다.

　－과제를 끝낸 뒤 '나의 기분'과 얼굴 표정을 나타내는 것이다. 부모가 굳이 말하지 않아도 아이가 느낄 것이다. 성공하면 기분이 좋고 자신이 좋아하는 일을 할 수 있고 행복하다는 것을.

⑨ 아래 칸의 넓은 공간은 메모(비고)하는 곳이다.

　－부모를 위한 공간이다. 아이가 성공하면 '잘했어, 역시 넌 내 아들(딸)'이라고 아이에게 힘이 되어주는 말을 적어라. 실패했다면 아이는 기분이 좋지 않을 것이다. 그런 경우에는 '오늘은 다른 날보다 과제가 많아서 그랬던 것 같아. 괜찮아, 힘내' 또는 '오늘은 수학 문제를 푸는 데 시간이 많이 걸렸네. 엄마가 혹시 도와줄 일이 있으면 이야기해줘. 사랑해'라고 적어라. 그러면 왜 실패했는지, 내일 성공하려면 어떻게 해야 하는지 공유할 수 있다.

⑩ 맨 아래에는 성공과 실패의 횟수를 적는다. 연속으로 5회 성공하고 다음 날은 실패하는 경우, 실패 1회로 다시 들어가는 것이다. 우리 아이들도 좋은 것과 싫은 것은 알고 있다.

'한 시간의 힘'을 활용하면 아이가 무엇을 해야 하는지 알게 해주고 매일 꾸준히 할 수 있도록 해준다. 또한 공부할 때 집중력을 높여주고 목표를 정해 달성한 뒤 행복감을 느끼게 해준다. 남은 시간을 활용해 아이가 하고 싶은 것을 마음껏

한 시간의 힘

			년	월	일
오늘의 할 일 :					
예상 시간 :	시간	분			

학교 숙제		분
영어 단어 외우기		분
수학 문제 풀이		분
피아노 연습		분
구구단 연습		분
국어문제집 풀이		분
		분
		분

오늘의 할 일 총계 시간	시간 분	성공 실패

오늘 나의 기분을 얼굴로 표현해주세요.

메모(비고)

성공	회	실패	회

하도록 만들어줄 수도 있다. '한 시간의 힘'을 습관화하면 자기주도학습의 지름길이 될 수 있다고 확신한다.

초시계 학습법

해야 할 일이 많은 아이에게 시간을 단축하고 학습 의지를 북돋울 수 있다고 하여 초시계 활용에 대한 관심도가 높다.

초시계를 활용하면 분명 공부하는 시간이 빨라지긴 한다.

하지만 초시계가 도움이 되는 아이가 있는가 하면, 그렇지 않은 아이도 있다. 누군가가 이렇게 해보니까 정말 효과적이더라는 말을 듣고 따라한다고 내 아이에게도 통하는 건 아니다.

산만한 아이에게는 공부를 하는 데 초시계를 활용하는 것이 효과적이다. 하지만 성격이 느긋한 아이에게는 오히려 방해될 수 있다. 초시계에 신경이 쓰여 집중하지 못하거나 오답이 나오는 경우가 많다. 오답이 나오면 그 문제를 다시 풀어야 하기 때문에 보통 때보다 더 지체된다.

따라서 신중하게 판단해야 한다. 초시계는 보통 네 가지 방법으로 활용하고 있다.

① 아이가 해야 할 공부, 과목마다 시간을 잰다.(0초부터 시작)

② 딴짓을 하는 아이에게 과목마다 정해놓은 시간 안에 끝내
도록 한다. 만약 10분으로 정했다면 그 시간에 초시계를
맞춰놓고 "시작"을 외친다.

③ 0초부터 시작하여 공부하는 시간만큼 계속 누적하여 측정
한다. 오늘은 몇 시간 몇 분 동안 공부했는지 체크한다.

④ 오늘 공부할 시간을 정한다. 한 시간으로 정했다면 초시계
를 눌러 공부할 때마다 시간이 줄어들게 한다.

산만한 아이라면 ②번을 자주 활용하라. 고학년이나 중고
등학생처럼 오랫동안 자리에 앉아 공부하는 아이는 ③번과
④번을 활용해보자. 엄마와 단둘이 공부할 때는 ①번이 효과
적이다.

최근에는 문제 푸는 시간을 체크하는 문제집이 많이 나와
있다. 그만큼 시간 관리가 중요해지고 있다는 것이다.

그날 할 일은
저녁 식사 전에 끝낸다

다람쥐가 쳇바퀴 돌듯, 아이들은 로봇이 된 듯 매일 아침에 일어나 등교를 하고 방과 후에는 학원으로, 학원에서 집으로…… 집에 도착하자마자 숙제하기 바쁘다. 어제가 오늘 같고, 오늘이 내일 같은 아이들……. 하지만 아이들만 그렇지는 않은 것 같다. 하물며 부모인 나도 날마다 반복되는 생활을 하며 어느새 흰 머리카락이 하나씩 눈에 띄게 늘어났다.

아이에게 "오늘은 뭐했니?"라고 물어본 적이 있는가?

대부분의 아이들은 오늘 학교에서 친구랑 싸우고 다치고 학원에서 뭘 배웠는지 이야기한다. 예전과 크게 다르다는 것을 느끼게 된다.

마음은 짠하지만, 방법이 아예 없지는 않다.

아이가 고학년이라서 학원에 다녀오느라 너무 늦게 들어오지 않는다면, 아이가 유치원이나 저학년인 경우의 이야기를 하고 싶다.

아이가 유치원에 다니거나 저학년인 경우 보통 5시나 6시면 귀가한다.

아이가 집에 오면 간식부터 조금 먹인다. 그런 다음 아이와 오늘 해야 할 과제에 대해 이야기하고 미리 공부할 장소에 갖다놓는다.

아침에 조금 일찍 일어나 한 가지라도 해놓으면 할 일이 줄어들어 오후엔 조금 편하겠지만, 그렇지 않은 경우에는 아이가 할 수 있는 만큼만 옆에 놓고 시작한다. 부모가 같이하기보다는 아이의 옆에 있는 정도로 충분하다.

공부방이 아닌 부엌에서 아이가 공부하면 엄마는 저녁 준비를 하며, 가끔씩 토닥이며 "어유, 잘하네", "어쩜 이렇게 잘하지?", "우리, 빨리하고 맛있는 저녁 먹자!"라고 응원만 해주면 된다. 가끔 아이가 모르는 문제가 있다면 살짝 같이해도 좋다. 아이도 힘이 날 것이다.

부모가 옆에 있으면 아이의 집중력이 더 높아지는지 혼자 공부할 때보다 정답률도 더 높았던 것 같다. 이때, 공부하는 순서를 부모가 정하면 안 된다.

또 하나, 주의해야 할 사항이 있다.

보통 가정에서는 아빠의 귀가 시간에 맞춰 저녁식사 시간을 정한다. 아이는 공부하기 전에 간식을 먹었지만, 아빠는 얼마나 배가 고프겠는가. 저녁밥이 늦어지면 가끔 짜증을 내는 아빠도 있다. 하지만 아이를 위해 저녁식사 시간을 조금만 늦추자고 상의해보자. 엄마가 옆에 있는 경우에는 많이 늦어지지 않는다. 아이가 자리에 앉으면 할 일을 되도록 끝내게 하는 것이 좋다.

그러면 온 가족이 저녁식사 시간을 편안하게 즐길 수 있다.

일기는 잠자기 전에 쓰라고 하지만, 아이를 키워본 입장에서는 그렇지 않다. 할 일을 모두 끝낸 뒤 조금 늦은 저녁을 먹는다고 생각해보자. 저녁밥이 얼마나 꿀맛이겠는가. 얼마나 편안하게 식사를 할 수 있는가. 잠자기 전에 가족과 이야기를 주고받거나 텔레비전을 시청할 수도 있고, 잠깐 동안 게임을 즐길 수도 있다. 그러면 아이는 잠자기 전에 행복감을 느끼게 된다.

만약 일기를 쓰지 않았거나 할 일이 남아 있는 상태에서 저녁밥을 먹는다고 생각해보자. 아이가 밥을 천천히 먹거나 무슨 이야기를 해도 엄마의 마음은 바쁘다. 식탁에서 엄마는 아이를 몰아세울 것이다.

“빨리 먹어! 일기도 써야 하잖아!”

“이렇게 먹으면 일기도 쓰고 숙제도 하고 언제 자려고 해!”

엄마의 잔소리가 이어진다. 이래서야 아이가 저녁밥을 제대로 소화할 수 있겠는가.

엄마는 아이가 해야 할 일도 신경 써야지, 알림장을 보며 내일 학교 갈 준비도 해야 하고, 식탁을 치우고 설거지까지 해야 한다. 그러다 보니 자신도 모르게 아이를 다그치게 된다.

사람들은 매일 꿈을 꾸는데, 단지 기억을 하느냐 못하느냐만 다를 뿐이라고 한다. 잠자리에 들기 전 기분 좋고 행복한 이야기를 들으면 좋은 꿈을 꿀 확률이 높아지고, 기분이 나쁘거나 울면서 자면 슬픈 꿈을 꿀 확률이 높아진다. 아이들도 마찬가지다.

그래서 시간이 조금 늦어지더라도 할 일을 끝마치고 저녁밥을 먹는 것이 좋다.

제6장

아이의 자존감을
살려주는
엄마 습관

흔들리지 않는 부모가 된다

최근 들어 초등학교 시험 폐지에 대해 많은 이야기가 오가고 있다. 하지만 그것은 당장 중요하지 않을 뿐더러 아무런 상관이 없다. 문제는, 아이가 중학교와 고등학교에 들어가면 시험을 치러야 하므로 시험에 적응해야 한다는 것이다.

지금은 중간고사와 기말고사를 모두 치르거나 기말고사만 치르는 초등학교도 있고, 아예 시험을 없애버린 초등학교도 있다. 예전에는 중간고사나 기말고사 기간이면 아이를 억지로 붙들고 몰아치기 공부를 시키느라 집 안이 시끄러웠다.

시험이 제일 싫다는 아이도 있지만, 간혹 시험보다 엄마가 더 싫다는 아이도 있다. 학기 중에 내내 놀다가 시험을 치르기 전에 한 번에 많은 문제를 풀다 보니 아이도 힘들고 부모도 짜증이 난다.

초등학교에서 중간고사와 기말고사가 폐지된다고 모든 시험이 없어지지는 않는다. 단원평가, 즉 받아쓰기 시험도 있고 덧뺄셈 시험도 치른다. 한 단원이 끝날 때마다 수시로 시험을 치른다. 이래저래 아이는 시험에서 벗어날 수 없다.

요즘은 이렇게 말하는 부모가 크게 늘어나고 있다.

"뭐, 공부를 잘한다고 다 잘사는 건 아니잖아요. 아이가 스트레스를 받지 않도록 공부에 신경 쓰지 않고 가족끼리 체험 활동도 하고 좋아하는 운동만 하고 있어요."

너무 좋다. 아이도 행복하고, 공부 때문에 혼내지 않아도 되니 부모도 너무 좋다. 하지만 언제까지 그럴 수 있을까? 학원에 보내지 않아서일까, 성적이 밑바닥인데다 아이는 도통 공부에 관심이 없다. 아이의 친구들이 어떻게 공부하는지 알게 되면 부모의 마음은 다급하고 초조해진다.

너무 놀게 한 것이 아닐까? 이대로 체험 활동과 운동만 계속해도 괜찮을까? 부모는 조금씩 불안해지기 시작한다.

가장 중요한 것은 아빠와 엄마가 같이 생각하고 움직이는 교육관이다. 지금 생각하고 있는 교육관을 밀고 나가라. 대신 하루에 꼭 해야 할 공부든 규칙이든 습관을 만들면 된다.

이것도 좋고 저것도 좋다며 부모의 교육관이 흔들리면 아이는 무엇을 배우든 자기 것으로 하나도 만들지 못한다. 아이가 공부를 하다 보면 고비도 있고 슬럼프도 있다. 그때마다 학원을 옮기거나, 아이가 힘들어한다고 그만두게 해서는 안 된다. 금전적인 손해뿐만 아니라 아이의 잠재력이나 타고난 재능을 키워줄 수가 없다.

사람들에게 모두 자존심이 있듯, 평소에 공부하는 습관으로 아이에게 공부에 대한 자존심을 세워줘야 한다. 유명 학원이나 실력이 뛰어난 선생님보다 아이의 공부 습관이 훨씬 중요하다. 아이의 미래를 만드는 자기주도학습의 지름길이기 때문이다.

힘들어도 끈기 있게 매달린다

아이는 1주일에 5일간 등교한다. 그런데 요즘 학원들은 요일별로 1주일에 한 번, 1주일에 두 번, 1주일에 세 번, 그리고 매일 진행하는 수업이 있다.

수업이 1주일에 한두 번밖에 없다 보니 대부분의 과목에서 숙제를 내주게 된다.

과목마다 조금씩 다르겠지만, 아이가 좋아하는 과목이나 흥미로워하는 과목은 크게 신경 쓰지 않아도 된다. 그만큼 아이가 자신감을 갖고 있기 때문이다. 숙제를 할 때도 좋아하는 과목부터 하고, 재미가 있으니까 조금 어려운 문제가 나오더라도 적극적으로 묻거나 스스로 찾아보게 된다.

문제는, 아이가 싫어하는 과목이다. 공부할 때 집중력이 떨어지고 자신감이 없다 보니 적극적인 자세를 취하지 않는다. 문제를 풀어도 재미가 없다. 답이 맞는지 틀린지도 관심 없고 정해진 숙제만 하게 된다.

아이가 좋아하는 과목의 숙제는 내일이나 모레 하더라도 상관없다. 하지만 아이가 싫어하는 과목은 수업 시간에 집중하지 않기 때문에 선생님의 말씀조차 알쏭달쏭한 경우가 많다. 따라서 숙제를 내주는 그날 오후에 반드시 해야 한다. 그러지 않고 하루가 훌쩍 지나가버리면 선생님이 설명해준 내용을 떠올리기가 힘들어져 숙제를 하기가 더 힘들어진다.

지금 어떤 말을 들었을 때 몇 시간 뒤에 기억하는 게 더 나을까, 아니면 하루가 지난 뒤에 더 잘 떠오를까?

아이가 힘들어하는 과목의 숙제를 그날 했는데도 잘 기억하지 못한다면 내일, 그리고 모레도 해야 한다. 그러다 보면 힘들겠지만 조금씩 이해하게 될 것이다.

누구에게나 어려운 문제는 있다. 아이가 좋아하는 과목에도 어렵고 이해하기 힘든 부분이 꼭 나온다. 그때마다 노력하며 하나씩 이해하고 이겨내야 하지 않을까? 자신감 있는 아이로 키우려면 끈기 있게 물고 늘어져야 한다.

답을 쓰는 곳에 정확히 쓰게 한다

아이들에게 작은 네모가 그려진 노트와 큰 네모가 그려진 노트를 주고 숫자를 써보라고 했다. 평소에 숫자를 크게 쓰는 아이든 작게 쓰는 아이든, 크게 다르지 않았다. 숫자를 네모 크기에 맞춰서, 꽉 채워서 쓰는 것이었다.

그런데 재미있는 사실 하나는, 숫자를 작게 쓰던 아이들은 숫자가 커졌고 어렸을 때 큰 네모에 숫자나 한글 쓰기 연습을 한 아이들은 대부분 글씨가 컸다. 문제를 풀 때, 빈 공간에 연산 과정과 답을 쓰면서 숫자가 커서 벗어나는 경우가 있다. 아이들은 보통 처음 연습할 때 여덟 칸 또는 열 칸 노트로 숫자나 한글 쓰기 연습을 한다.

처음에는 네모가 작은 열 칸 노트로 연습하는 것이 더 낫다. 글씨체가 작으면 답을 쓰는 곳이나 네모 안에 맞춰서 잘 쓴다. 반면 글씨체가 크면 풀이 과정을 쓸 때 항상 자리가 모자란다. 빈 공간에 덧뺄셈을 연습할 때도 아이의 글씨와 문제에 나오는 숫자가 겹쳐서 알아보지 못하는 경우가 많다. 그러면 문제를 옮겨 적으면서 실수를 하게 된다. 네모 안에 숫자를 쓸 때도 네모의 테두리와 숫자가 겹치거나 네모를 벗어나 다른 글씨와 겹치는 바람에 답을 못 알아보는 경우가 있다.

답을 체크하거나 정답을 찾아가면서 숨은 그림 찾듯이 혼동되어서는 안 된다. 아이가 쓴 답이 답란이나 네모 안에 꼭 들어가도록 해야 한다. 글씨체가 크다면 미리 연습하도록 한다.

힘들게 풀었는데 틀리면 속이 상한다. 글씨체 때문에, 한 문제 차이로 100점을 맞지 못했다면 정말 아쉬울 것이다.

채점은 곧바로, 부모가 직접 한다

몸이 열 개라도 모자라는 부모들은 매일매일 전쟁을 치르 듯 하루를 보낸다. 아이들 교육은 물론이고 매일매일 쌓여 있 는 집안일에 생각하고 신경 쓸 것이 한두 가지가 아니다.

그렇다면 아이들은 어떤가? 하루도 빠짐없이 공부해야 하 고 친구도 만나야 하고 학교와 학원에서 전쟁을 치른다. 모두 가 숨 가쁘고 슬픈 현실이다.

학교나 학원 숙제, 학습지나 문제집을 풀어야 하는 아이에 게 숙제는 학교에서, 학습지는 학습지 선생님이, 학원 숙제는 학원 선생님이 잘 점검해주겠거니 하고 숙제만 하라고 이야 기한다. 숙제만 하면 아이가 할 일은 모두 끝났다고 한다. 하 지만 아이가 끝냈다고 말하면 그때부터 부모가 해야 할 일이

202

생긴다.

과제든 문제집이든 부모가 채점을 할 수 있다면 반드시 해야 하나.

학습지를 예로 들어보자.

학습지 선생님은 보통 1주일에 한 번 잠깐(약 10~20분) 들른다.

그런데 아이가 며칠 전에 문제를 풀었는데, 선생님이 오늘 방문해 채점을 한 뒤 틀린 부분을 가르쳐준다고 생각해보자. 아이가 며칠 전에 풀었던 문제를 모두 기억하고 있을까? 그 문제를 풀 때는 그런 답을 쓴 이유가 있었을 것이다.

그런데 며칠이 지난 뒤 "왜 이렇게 했니?"라고 물으면 아이는 어떻게 대답할까? 처음 접하듯이 틀린 문제를 선생님과 다시 풀어보는 수밖에 없다.

만약 오늘 문제를 풀고 곧바로 부모가 채점을 해주었다고 생각해보자.

아까는 이렇게 생각해서 문제를 풀었다고 말할 것이다. 아이가 아무런 생각 없이 문제를 풀지는 않는다. 문제를 읽으면서 빠뜨렸거나 잘못 이해한 부분, 다른 문제와 혼동한 것을 금방 찾아낼 수 있다.

요즘 공부를 잘하는 아이는 학원에서 모든 것을 해결해주

지 않는다. 정답만 찾아내지 않고 생각하는 공부로, 그 과정
도 아주 중요하다. 아이와 선생님이 아닌, 아이와 선생님과
부모가 함께 힘을 모아야 최고가 될 수 있다.

날마다 아이의
공부 점수를 매긴다

아이의 공부 점수를 매기는 것이 좋은지 나쁜지는 잘 모르겠다. 분명한 것은, 공부 시간이 길다고 아이가 열심히 공부한다고는 생각하지 않는다. 물론 너무 빨리하다 보면 실수를 하겠지만, 느리게 한다고 실수가 줄어들지는 않는다.

아이의 성향도 있지만, 무엇보다 집중력이 중요하다.

공부하는 시간을 줄여주면서 짧은 시간에 최대 효과를 거두는 방법, 그리고 점수를 통해 아이가 공부를 잘했는지 못했는지를 판가름하는 방법은 아주 효과적이었다.

처음에는 아이가 날마다 해야 하는 과목을 종이에 적어야 한다.

두 번째는 과목 옆에 목표한 시간을 정해야 한다.

세 번째는 공부를 시작하고 끝마칠 때 초시계로 시간을 잰다. 측정 시간이 9분 1초가 나와도, 9분 59초가 나와도 9분으로 기록한다.

'선택' 항목에서는 예상 시간보다 빨리한 경우에는 잘했기 때문에 '+'에 동그라미를, 예상 시간을 초과한 경우에는 '-'에 동그라미를 표시한다. 점수는 예상 시간과 공부한 시간의 차이를 적는다. 10분에서 9분을 빼면 1분이 나오므로 점수에 '1점'을 적고 누적 점수로 '+1'을 기록한다.

한 과목을 끝마칠 때마다 기록한다. 다음 과목으로 넘어가기 전의 휴식 시간 동안 머리를 식히면서 다음 과목을 더 빨리해야 하는지 느리게 하는지를 표시한다. 수학 과목의 점수가 90점대나 100점이 나온 경우 '비고'에 점수를 기록하고 가산점을 붙여 1점을 더해주는 경우도 있다. 이건 엄마의 선택에 달려 있다.

네 번째는 두 번째 과목인 '책읽기'를 하며 시간을 체크하고 예상 시간과 공부하는 시간이 각각 10분이므로 0점이고 누적 점수는 그대로 둔다.

다섯 번째는 '영어 단어 외우기' 시간으로 1분이 더 걸려 '-'에 동그라미를 그리고 1점을 기록한다. 누적 점수에서는 +1에서 -1점이 되므로 0점이 된다.

오늘의 공부 점수

					년	월	일
과목	예상 시간	공부한 시간	선택	점수	누적 점수	비고	
수학	10분	9분	(+) –	1점	+1		
책읽기	10분	10분	+ –	0점	+1		
영어 단어 외우기	15분	16분	+ (–)	–1점	0		
피아노 연습	10분	7분	(+) –	3점	+3		
일기 쓰기	5분	7분	+ (–)	–2점	+1		
독서록 쓰기	10분	9분	(+) –	1점	+2		
줄넘기	5분	3분	(+) –	2점	+4		

오늘의 공부 점수 _______________

오늘의 공부   성공 ____ 성공한 이유 ___________________

부족 ____ 부족한 이유 ___________________

나머지 경우에도 이와 같은 방식으로 기록한다.

여섯 번째는 맨 아랫부분에 '오늘의 공부 점수'를 기록하고, 오늘의 공부가 성공했는지 부족했는지를 체크한다. 대부분은 성공이냐 실패냐로 물어보는데, 공부를 조금 느리게 했다고 실패한 것은 아니다. 시간이 조금 부족했을 뿐이라서 '부족'이라는 단어를 사용했다. 그 이유도 함께 기록한다. 오늘은 피아노를 빨리 쳐서 성공했다는 식으로.

아이의 공부에 점수를 매긴다는 것이 마음 편하진 않지만 아이에게 긴장감을 주고 하루의 목표를 정해줌으로써 승부욕을 유발하며, 원인을 찾아가는 기록표라고 할 수 있다. 아이의 공부 태도가 좋다거나 점수가 잘 나올 경우, 비고란에 '태도가 좋았음', '집중력이 좋았음', '잘 준비했음'이라고 기록하면 +1점을 더 주게 된다. 목표에 대한 성공과 부족으로 생각할 수도 있고, 시간 개념이 아주 좋아지기도 한다.

학교에서는 점수의 기준이 100점 만점이다. 그래서 누적 점수를 100점에서 +1이면 101점, -1이면 99점으로 계산한 적이 있다. 하지만 아이들이 누적 점수를 계산하는 데 시간이 많이 걸리고 복잡하여 너무 힘들어했다. 그래서 작은 수로 계산했더니 빠르고 아이들도 재미있어 했다.

그리고 '선택' 항목과 점수를 합해 '+1, -1'로 표시할 수도 있지만 '+'와 '-'를 따로 둔 것은 누적 점수를 계산하려면 선택의 '+, -'를 보아야 한다. 수학 문제에서 셈을 못한다기보다는 '+, -' 표시를 보지 않고 풀다가 실수하는 경우가 많아서 응용해본 것이다.

아이들이 재미있어 하고 하루의 목표량을 체크할 수 있으며 눈으로 직접 확인하면 그날그날의 공부를 되돌아보게 된다.

아이에게 수학 일기를 쓰게 한다

수학 이야기를 하다 보면 단골손님처럼 오답 노트에 대한 이야기가 많이 나온다.

아이가 학교에 들어가면 1~2학년 때는 받아쓰기를 한다.

받아쓰기를 한 뒤 선생님이 '틀린 문제 세 번 써오기', '틀린 문제 다섯 번 써오기'와 같은 숙제를 내준다.

오답 노트가 수학 과목에만 있는 건 아니다.

오답 노트를 쓰면 자신이 틀린 문제에 대해 개념을 정리할 수 있고, 왜 틀렸는지 다시 한 번 생각하고 확인할 수 있다. 힘들고 어려웠던 부분을 재정리하는 개인 참고서인 셈이다.

여러 권의 문제를 푸는 것보다 한 권이라도 제대로 풀어서 같은 유형의 문제를 틀리지 않도록 하는 방법 중 하나다.

오답 노트는 초등학생보다 중고등학생이 많이 활용하고 있다. 중고등학생은 왜 공부를 하는지 알기 때문에 오답 노트를 제대로 작성하면 아주 효과적이다.

그런데 이제 갓 초등학교에 들어간 아이가 오답 노트를 제대로 쓸 수 있을까? 요즘은 일부 수학 학원에서도 오답 노트를 활용한다고 한다. 하지만 초등 고학년 아이들조차 오답 노트를 꼭 써야 하느냐며, 그 시간에 한 문제라도 더 풀겠다고 불만스런 목소리로 말한다.

차분히 한번 생각해보자. 이제 받아쓰기를 하고 연산을 하기 바쁜데, 그래도 좋다니까 한번 해볼까? 저학년 때부터 습관을 들이면 고학년이 되어서는 잘하지 않을까?

사실 지금 아이에게 오답 노트를 작성하게 하는 건 무리다. 그런데 저학년인 아이에게 맞는 방법이 있다.

초등 1~2학년 때는 몰라서 틀린다기보다 실수를 하는 경우가 많다. 문제를 풀지 못했을 경우 왜 틀렸는지 꼭 알려줘야 한다. 그리고 아이가 아닌 엄마가 오답 노트를 작성해야 한다.

초등 수학 문제는 숫자만 바꿔 연습해도 된다. 그러므로 엄마가 오답 노트에 한두 문제를 더 만들어서 풀게 한다.

그런데 왜 엄마가 오답 노트를 작성해야 할까? 아이는 그날 힘이 드는지, 기쁜지, 급한지에 따라 글씨체가 달라진다. 아이가 너무 일찍 오답 노트를 작성하면 글씨체가 바뀔 수 있다. 꾹꾹 눌러쓰던 글씨가 흘림체로 바뀔 수 있고 수학이 너무 힘들다고 생각할 수 있다.

이쯤에서 제안하고 싶은 것이 하나 있다.

지금 수학을 공부한 지 얼마 되지 않은 아이에게는 '오답 노트'보다 '생각 노트'나 '연구 노트'라는 이름으로 바꾸는 게 낫지 않을까? 아이가 틀린 것을 확인하기보다는 왜 틀렸는지 생각해보자는 의미에서다.

오답 노트를 꼼꼼히 쓰게 하는 것보다 문제를 꼼꼼히 읽도록 연습시키는 것이 낫다. 아직까지 아이는 오답 노트를 작성할 시기가 되지 않았다.

그런데 엄마는 아이가 뭐라도 하면 좋겠다는 생각이 든다. 그렇다면 대부분의 학교에서 일기를 쓰듯이 '수학 일기'로 바꿔보는 건 어떨까?

일기 쓰기를 좋아하는 아이도 있지만 한두 줄밖에 쓰지 못하는 아이도 참 많다. 일기는 일상생활에서 일어난 일에 대해 적는다. 수학 일기 역시 마찬가지다. 학교에서 배운 내용을 적어도 되고 책을 읽거나 문제집을 풀다가 생각나는 문제나 방식, 그리고 문제집에 나오는 예를 일상생활에서 찾거나 느긴 내용을 적으면 된다.

정답은 없다. 일상생활에서 수학적 요소를 찾는 훈련이라고 생각할 수도 있다.

- 오늘 엄마가 콩나물무침을 해주었다. 콩나물을 보니 9자 같기도 하고 6자 같기도 했다.
- 오늘 학교에서 1과 9를 합하면 10이 된다고 했다. 차를 타고 오는 길에 1자와 9자를 보았다.
- 이제 구구단을 모두 외울 수 있다. 참 뿌듯하다. 신호등에는 빨간색, 노란색, 초록색이 있다. 집으로 돌아오는 길에 횡단보도를 2번 건넜다. 내가 본 신호등의 색깔은 모두 6개다. 왜냐하면 '3×2=6'이기 때문이다.

아이들이 보고 생각하는 모든 것을 수학 일기에 쓸 수 있다. 문제를 넣고 공식이 들어가야 수학 일기가 되는 건 아니다.

쉽고 편안하게 가다 보면 아이 스스로 방법을 찾고 일상생활 속에서 수학적 요소를 찾는다. 중고등학교에 가면 오답 노트를 제대로 쓸 수 있게 된다.

수학 일기를 쓰면 서술형 풀이 과정을 좀 더 수월하게 쓸 수 있다는 장점도 있다.

한눈에 들어오는
오답 노트 작성법

오답 노트가 아주 효과적이라는 이야기를 많이 한다.

당연히 귀가 솔깃해진다. '한번 시도해볼까?'라고 고민한 적이 있을 것이다. 나 역시 시도해보았지만 그리 효과적이진 않았다.

오답 노트에는 복잡하거나 난이도가 높은 문제, 또는 틀린 문제를 주로 쓰게 된다.

그러다 보니 틀린 문제를 베끼는 시간이 많이 걸린다. 초등학생들은 문제를 옮겨 적는 것도 힘들어하는데, 아이가 제대로 이해했는지 알려면 다시 비슷한 문제를 풀어야 한다. 숫자를 바꾸기만 해도 되지만 학부모 입장에서는 그것도 쉽지 않다.

그래서 스프링 노트를 활용해 좀 더 쉽고 보기 편한 오답 노트 작성법을 알려주려고 한다.

① 아이가 교과서나 문제집을 풀 때 반복적으로 틀리거나 다시 한 번 풀어보면 좋겠다는 생각이 드는 문제를 찾는다.

② 스프링 노트를 준비한다.

③ 노트 상단에 문제를 그대로 베긴다. 그런 다음 종이 뒷면(뒷장) 상단에 문제를 그대로 쓰되 숫자만 바꾼다.

④ 앞면으로 되돌아가서 아이에게 틀린 문제에 대해 설명해주면서 아랫부분에 풀어보게 한다.

⑤ 아이가 문제를 이해했다면, 종이의 반을 찢어 틀린 문제 밑까지 접는다. 그러면 틀린 문제 밑에 빈 공간이 생겨 조금 전에 엄마와 같이 풀었던 문제를 혼자서 풀도록 해본다. 아이가 아직 이해하지 못했다면 다시 한 번 설명해주며 함께 문제를 푼다.

⑥ 뒷장으로 넘긴다. 종이는 당연히 반쪽짜리다. 이제 숫자만 바꿔 낸 문제가 보일 것이다. 아랫부분의 빈 공간에 아이 혼자 문제를 풀어보게 한다.

⑦ 아이가 문제를 이해하지 못했다면, 공부가 끝난 뒤 숫자를 바꿔 문제를 만들어놓고 다음 날 다시 한 번 풀도록 한다.

생각보다 문제를 내기가 어렵지 않고 틀린 문제를 여러 번 풀 수 있다.

한 문제를 종이 한 장으로 끝내다 보니 오답 노트가 깔끔하고 종이를 반으로 접었기 때문에 반쪽짜리가 되어 있다.

수학 시험을 잘 보는 4가지 습관

다른 과목과 달리 수학 시험은 벼락치기 공부가 통하지 않는다. 그만큼 수학은 평소에 얼마나 꾸준히 공부하고 있느냐가 중요하다.

수학은 매일 일정하게 공부하거나, 그날 학교에서 배운 내용을 복습하는 방법도 있다. 공부 욕심이 많은 경우, 수학을 좋아한다면 예습을 하는 것도 좋은 방법 중 하나다. 이유인즉, 집에서 예습했는데 모르는 문제가 나오면 수업 시간에 더 집중해서 듣기 때문이다.

그런데 수학에 관심이 없다면 예습보다 복습이 더 효과적이다. 미리 공부하더라도 눈에 들어오지 않고 시간만 허비하는 경우가 많다. 차라리 학교에서 한 번 듣고 집에서 복습하면 시간을 훨씬 더 절약할 수 있다.

시험을 잘 보려면 첫째, 수업 시간에 선생님 말씀을 잘 들어야 한다.

시험만 치르면 긴장하는 아이가 참 많다. "떨려요", "시험을 못 보면 어떡하지"라며 시험을 앞두고 불안해하는 건 어른이나 아이나 마찬가지다.

"수업 시간에 선생님 말씀 잘 들었지? 선생님 말씀을 잘 듣는 사람이 풀 수 있는 문제만 나와. 그러니까 걱정하지 말자."

"지금 수학 100점을 맞지 않아도 돼. 넌 문제를 정확히 읽고 검산도 잘하잖아. 그렇게만 하면 돼. 점수가 중요하진 않아."

둘째, 시험 전에 아이에게 부담을 주어서는 안 된다.

시험 날짜가 얼마 남지 않았다고, 문제집을 빨리 풀어야 한다고 자꾸 이야기하면 안 된다. 아이도 친구들을 통해 잘 알고 있으며, 시험 스트레스를 많이 받고 있다.

엄마가 깜빡하고 미역국을 끓여놓고는 "어쩜 좋아, 미역국 먹으면 시험을 못 보는데……"라고 말해선 안 된다. 이런 말 한마디에도 아이는 시험에 대한 부담감을 갖는다.

시험 전이라도 평소의 습관대로만 하자.

문제집에는 한 단원이 끝날 때마다 마무리 평가 문제가 나오는데, 미리 복사해둔다. 평소대로 문제집을 풀면서 시험 전에는 복사해둔 단원 마무리로 복습한다. 거의 비슷한 문제이고, 한 번 풀었던 문제이므로 점수도 잘 나온다.

아이에게는 시험보다 평소의 공부 습관이 더 중요하다고 말해준다.

셋째, 답안지를 자주 보아서는 안 된다.

종종 답안지를 옆에 놓아두고 문제를 푸는 경우가 있다.

아이는 문제를 풀고 엄마는 옆에서 답안지만 들고 있다.

수학에서 제일 좋지 않은 것은 답안지의 풀이 과정이 딱 한 가지밖에 없다는 것이다. 수학 문제는 아주 다양한 방법으로 풀 수 있다.

자꾸 답안지를 보게 되면 아이의 문제 풀이 방식을 답안지에 맞추게 된다. 아이 자신의 문제 푸는 방식을 깨뜨리는 것이다.

답안지에 '예'라고 되어 있는 것은 답이 한 가지만 있는 것이 아니라는 것이다.

생각하는 수학이 되어야 한다.

스스로 개념을 정리하도록 조금 더 지켜보자.

넷째, 엄마들이 알고 있는 '검산'을 하는 것이다.

엄마의 마음도 몰라주고 검산하기를 싫어하는 아이가 너무 많다.

틀려도 좋다. 아이들은 "검산만은 절대로 하지 않을 거야!"라고 말한다. 똑같은 문제를 검산한다는 것이 아이에게는 귀찮게만 여겨진다.

하지만 검산하는 방법도 다양하다.

초등 1학년의 덧셈과 뺄셈 문제다.

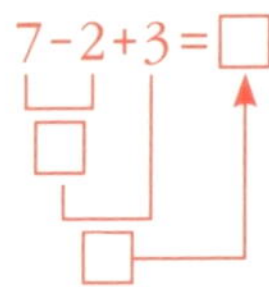

① '7-2+3'을 먼저 계산한 뒤 답란에 8을 적는다.

② '7-2'를 계산하여 5를 넣은 뒤 5와 3을 더해 8을 써 넣는다.

③ 답이 똑같은지 확인한다.

한 문제를 두 번 계산함으로써 검산까지 끝낸 것이다.

초등 2학년의 여러 가지 덧셈 문제로 설명해보자.

$$26+9 = 26+(\quad)-1$$
$$= (\quad)-1$$
$$= (\quad)$$

아이들은 이런 문제를 무척 어려워한다.

첫 번째 문제는 앞에서부터 순서대로 푸는 방식이다.

26+9 = 26+10-1 = 36-1 = 35

그런데 일반적으로는 첫 번째와 똑같이 검산을 하라고 한다. 그게 아니다. 또 다른 검산 방법은 '26+9'를 계산하여 마지막 괄호 안에 답이 맞는지 확인하고 거꾸로 올라가는 식이다.

똑같은 문제라도 풀이법이 다양하게 나올 수 있다. 때로는 답안에 없는 풀이 방법으로 문제를 풀어낸다. 이런 경우에는 때에는 '그렇게 푸는 게 아니거든'이라고 말하는 것이 아니라 '잘했다'라고 격려해주어야 한다. 아이들이 다양한 방법으로 문제를 풀이하고 검산하도록 해주면 어떤 문제가 나와도 당황하지 않고 잘 풀어낼 수 있다.

부록
재미와 효과를
한번에,
교과서 수학 놀이

숫자 스티커 붙이기

'숫자 스티커 붙이기'는 좋아하는 숫자를 찾는 놀이로, 수의 개념을 이해하고 기억하기 좋은 놀이예요. 우선, 문구점에 가면 다양한 스티커가 나와 있어요. 그중 1~10까지의 숫자가 적혀 있는 스티커가 있는데, 이왕이면 스티커의 숫자가 다양한 색깔로 구성되어 있는 것이 좋아요.

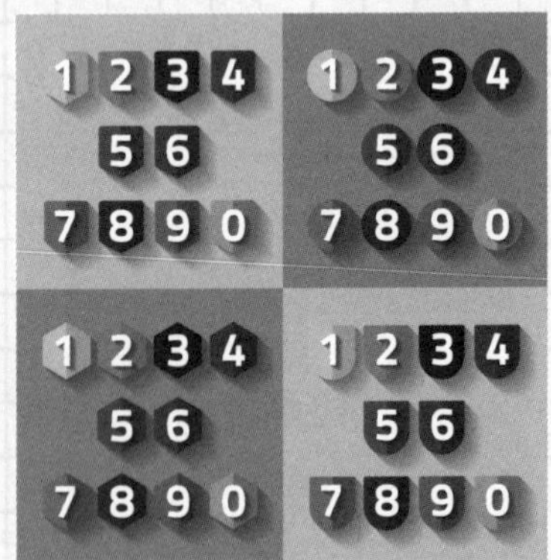

1 **단계** 아이와 1~10까지의 숫자 스티커를 나누어 가져요.

2 **단계** 아이에게 어떤 숫자를 좋아하냐고 물어본 뒤, 집 안에서 그 숫자를 찾아 스티커를 붙여요.

예를 들어 아이가 '5'를 좋아한다면 "준비, 시작!"과 동시에 집 안에 '5'가 보이는 곳을 찾아 스티커를 순서대로 붙여요.

3 **단계** 스티커 열 장을 모두 붙인 사람이 "끝!"이라고 외쳐요.

4 **단계** 아이와 함께 집 안을 돌아다니며 1부터 10까지의 숫자 스티커를 찾아요. 만약 스티커 붙인 곳을 기억하지 못하면 1분 동안 생각할 시간을 주세요. 그러면 아이가 이곳저곳을 다니며 기억해내려 할 거예요.

이 놀이는 수의 개념뿐만 아니라 관찰력과 기억력을 향상시키는 데도 아주 효과적이에요.

모양 스티커 붙이기

'모양 스티커 붙이기'는 수의 개념을 빨리 이해하는 데 도움이 되는 놀이예요. 엄마와 둘이서 할 수도 있지만, 인원이 많으면 더 재미있어요. 일단 문방구에서 별, 동그라미 등 다양한 모양의 스티커를 구입해요.

1단계 놀이에 참여하는 사람 모두에게 스티커를 나눠줘요.

2단계 "오늘은 ○개의 스티커를 붙이는 거야"라고 얘기해주세요.(새롭게 시작할 때마다 숫자는 달라져야 해요)

놀이가 시작되면 아이들은 돌아다니며 만나는 사람과 가위바위보를 해요. 가위바위보에서 이긴 사람이 진 사람의 얼굴에 스티커를 하나씩 붙이는데, ○개를 붙이면 이기는 놀이예요.

아이들은 얼굴에 스티커를 붙이면서 아주 재미있어 하고 어디에 붙일까 고민하기도 해요. 바보처럼 만들기도 하고, 입술 위에 붙이기도 하고, 숨도 못 쉬게 콧구멍에다 붙이기도 하지요.

마지막으로, 즐거운 대화를 하며 아이들의 얼굴을 사진으로 남겨주세요.

이 놀이는 아빠와 아이가 함께하면 더 재미있어요. 특히 아빠가 바빠서 아이와 자주 놀아주지 못하거나, 아이와 어떻게 놀아야 할지 모른다면 이 놀이를 해보세요. 돈과 시간을 들여야 하는 체험 학습이나 여행보다 더 효과적일 수도 있어요.

즐겁게 춤을 추다가 그대로 멈춰라

학습 영역 1~10까지의 수의 크기와 양

이 놀이는 10의 짝꿍수를 익히는 데 도움이 될 뿐만 아니라 아이들이 무척 좋아하는 놀이예요. 조금 뛰어야 하므로 집 안보다 밖에서 즐기는 놀이예요. 우리가 알고 있는 동요「그대로 멈춰라」에 맞춰 놀이를 진행해요.

1단계 술래 한 명과 놀이할 장소를 정해요.

2단계 동요「그대로 멈춰라」를 함께 부르는데, "즐겁게 춤을 추다가 그대로 멈춰라"의 '멈춰라'에서 '라'에 맞춰 그 자리에 멈추어요.

3단계 술래는 10의 짝꿍수에 대한 문제를 내요.

예를 들어 "10이 되는 5의 짝은?"이라고 물어보면 아이들이 동시에 "5"라고 외쳐요. 그런 다음 동시에 "하나, 둘, 셋, 넷, 다섯"을 외치며 다섯 걸음을 가요. 물론 술래와 반대되는 방향으로 피해야 해요. 이렇게 술래는 계속 10의 짝궁수에 대한 문제를 내고, 아이들은 답을 얘기하고 그만큼 도망가면서 한 명이 술래에게 잡힐 때까지 놀이를 이어가요.

놀이터에서 이 놀이를 하다 보면 동네 아이들이 자연스럽게 모여들어요. 놀이를 하고 있으면 지켜보는 부모도 웃음이 절로 나와요. "5가 되는 3의 짝은?", "8이 되는 4의 짝은?"과 같이 문제의 범위를 넓혀갈 수도 있어요.

이 놀이를 할 때에는 되도록 10이 넘어가지 않도록 하는 게 좋아요. 셈을 못하는 유치원생이라도 "5"라고 대답 소리를 듣고 다섯 걸음을 떼면서 달아날 수 있어요. 친구들과 어울려 열심히 뛰면서 숫자 공부도 하고 노래도 부르다 보면 아이는 하루를 알차게 보낸 듯한 느낌이 들 거예요.

'나보다 더' 숨은 물건 찾아오기

학습 영역 비교하기, 다양한 표현 방법

집 안에서 물건을 찾아오는 놀이로, 가족끼리 함께하면 좋아요. 그 방법도 아주 간단해요.

1단계

가위바위보를 해서 이긴 사람이 술래가 되어 먼저 문제를 내요.

예를 들어 술래가 "나보다 더 작은 물건 찾아오기 20"이라고 외쳐요. 그러고는 1부터 20까지의 수를 빨리, 또는 천천히 세면서 20이 되기 전까지 어떤 물건을 찾아 다른 사람들이 보지 못하도록 숨긴 뒤 놀이를 시작했던 자리로 돌아오면 돼요.

2단계

놀이에 참여한 사람들이 한자리에 모이면 각자 찾아온 물

건을 동시에 보여줘요. 그리고 술래보다 작은 물건을 찾아
온 사람이 이기는 거예요. 만약 20까지 세는 동안 제자리
로 돌아오지 못하면 탈락이에요.

"나보다 더 긴 물건 찾아오기 18", "나보다 더 무거운 것 찾아
오기 30", "나보다 더 잘 굴러가는 것 찾아오기 6" 등으로 그 범
위를 넓혀갈 수도 있어요.
이 놀이를 하는 동안 아이는 미리 주위를 둘러보며 문제를 내
려고 머릿속으로 생각할 거예요. 학교에서 다양하게 비교하는
문제가 많은데, 아이가 어떤 경우에 사용하는 단어인지 모르기
도 해요. 이 놀이를 통해 그러한 단어에 친숙해지도록 할 수 있
어요.

학습 영역 어림하기, 수의 크기

주머니에 들어 있는 물건의 개수를 알아맞히도록 하고, 함께 세어봄으로써 수와 양의 개념을 익히는 놀이예요.

1단계

사탕이나 낱개로 들어 있는 초콜릿, 그리고 바둑돌이나 마른 콩, 작은 블록들을 준비해요. 가위바위보로 순서를 정하고, 준비한 사탕을 한 움큼 준 다음 몇 개인지 알아맞혀보라고 해요.

2단계

한참을 고민한 뒤 개수를 얘기하면 아이와 함께 주머니에 들어 있는 사탕의 수를 헤아려요.

이때 꼭 해줘야 할 말이 있어요. 만약 사탕이 18개라면 "우와~, 2개만 더 있으면 20개인데"라고 말하고 사탕이 23개라면 "에이, 3개가 없다면 20개가 될 텐데"라고 얘기해줘야 해요.

이 놀이를 여러 번 되풀이하면 한 손으로 사탕을 몇 개나 집을 수 있는지 짐작하게 돼요. 되도록 아이가 알아맞히게 해주고, 그 보상으로 사탕을 줄 수도 있어요. 이 놀이에 어느 정도 적응되었다면 다음 단계로 넘어갈 수 있어요.

"10에 가깝게 잡기" 또는 "20에 가깝게 잡기"로 바꾸어도 돼요. 한 움큼을 집어 10에 더 가까이 잡으면 승리하는 거예요. 아이는 9개를, 엄마는 12개를 잡았다면 아이가 승리하는 것이지요. 이 놀이의 핵심은 수의 크기와 어림하기예요. 어림하기의 정확한 뜻을 몰라서 매번 문제를 풀 때마다 물어보는 아이들에게 도움이 되는 놀이라고 할 수 있어요.

주사위 놀이

학습 영역 수의 크기, 덧셈과 뺄셈

아이가 덧셈과 뺄셈을 막 시작할 때 도움이 되는 놀이예요. 주사위만 준비하면 돼요.

1단계 한 사람이 주사위를 던지면 한 사람은 숫자를 불러요.

2단계 주사위 윗면에 나온 숫자와 불러준 숫자를 더해서 빨리 말하세요.

이 놀이를 할 때는 눈치껏 아이와 비슷하게 대답해주어야 해요. 물론 아주 아깝게 져주면 더 좋아요. 이 놀이를 하면서 덧셈에 익숙해졌다면 뺄셈도 할 수 있어요. 한 사람은 던지고 다른 사람은 숫자를 불렀을 때, 큰 수에서 작은 수를 빼면 돼요. 되도록이면 짧은 시간 안에 놀이를 끝내는 게 좋아요.

빠진 숫자 빨리 찾기

학습 영역 수 개념, 사이의 수

수의 순서를 익히는 데 도움이 되는 놀이예요. 아이가 있는 집이라면 전집이나 여러 권으로 구성된 시리즈를 갖고 있을 거예요. 이들 책을 숫자 순서대로 나열해놓은 다음 초시계만 준비하면 돼요.

1단계 가위바위보를 해서 진 사람은 다른 장소에 가 있도록 해요.

2단계 술래는 전집에서 몰래 한 권을 빼내어 감추어요. 그런 다음 "준비, 시작"과 동시에 초시계를 눌러요. 다른 곳에 가 있던 사람이 제자리로 돌아와 책의 순서를 보며 빠진 숫자를 알아맞혀요.

빠진 숫자를 말하면 초시계를 보여주며 몇 초인지 확인하고 책을 제자리에 꽂아두어요. 이어 서로 역할을 바꿔서 같은 과정을 되풀이해요. 누가 더 빨리 빠진 숫자를 찾아냈나요?

이 놀이에 익숙해지면 다음 단계로 넘어가요. 책을 한 권 빼내어 전집 사이에 꽂아두는 거예요. 그러면 그 전집에서 책을 찾아 제자리에 꽂아놓으면 돼요. 생각보다 아이가 어려워하지만 숫자에 자신 있는 아이라면 무척 좋아하는 놀이예요.

237

초등 1학년 수학 공부 습관

초판 1쇄 인쇄 2016년 1월 22일
초판 1쇄 발행 2016년 1월 28일

지은이 · 유경화
펴낸곳 · 봄의정원
펴낸이 · 전은옥
기획편집 · 박정경

출판등록 · 2013년 6월 20일 제2013-000189호
주소 · 04004 서울 마포구 월드컵로10길 27 세화빌딩 201호
전화 · 02-337-5446   팩스 · 0505-115-5446
이메일 · garden21th@naver.com

• 이 책은 저작권법에 따라 보호받는 저작물이므로 무단 전재와 무단 복제를 금지하며,
  이 책 내용의 전부 또는 일부를 이용하려면 반드시 저작권자와 봄의정원의 동의를 받아야 합니다.
• 잘못된 책은 바꾸어 드립니다.
• 책값은 뒤표지에 있습니다.

ISBN 979-11-951018-5-6 13590

이 도서의 국립중앙도서관 출판예정도서목록(CIP)은 서지정보유통지원시스템 홈페이지(http://seoji.nl.go.kr)와
국가자료공동목록시스템(http://www.nl.go.kr/kolisnet)에서 이용하실 수 있습니다. (CIP제어번호: CIP2016000749)